Dwayne McKay

Uma perspectiva jamaicana do papel da energia renovável

Dwayne McKay

Uma perspectiva jamaicana do papel da energia renovável

em Alcançando a Sustentabilidade no Caribe

ScienciaScripts

Imprint

Cover image: www.ingimage.com

This book is a translation from the original published under ISBN 978-620-8-06387-0.

Publisher:
Sciencia Scripts
is a trademark of
Dodo Books Indian Ocean Ltd. and OmniScriptum S.R.L publishing group

120 High Road, East Finchley, London, N2 9ED, United Kingdom
Str. Armeneasca 28/1, office 1, Chisinau MD-2012, Republic of Moldova, Europe
Printed at: see last page
ISBN: 978-620-8-15550-6

RECONHECIMENTO

Em primeiro lugar, gostaria de agradecer a todos os entrevistados por terem disponibilizado o seu tempo e fornecido informações que me ajudaram a escrever esta tese. A sua disponibilidade para dar um feedback pormenorizado foi muito bem-vinda. Quero mostrar a minha profunda gratidão aos meus colegas de trabalho. A sua ajuda constante e os seus conselhos foram muito importantes para a elaboração desta tese. Os seus conselhos ajudaram-me a crescer como investigador e também me facilitaram a participação em importantes conferências internacionais (via zoom), onde pude aprender mais e conhecer especialistas na área. Estou especialmente grato aos meus colegas de trabalho que me ajudaram a coordenar o meu trabalho no terreno. A sua ajuda e cooperação foram essenciais para perceber como realizar o estudo e garantir que a recolha de dados decorria sem problemas. O seu trabalho árduo e a sua vontade de ajudar tornaram este projeto melhor do que poderia ter sido sem eles.

Finalmente, gostaria de agradecer aos meus professores e mentores pelo seu apoio constante, conselhos úteis e aconselhamento especializado ao longo desta tese. Os seus conselhos e apoio ajudaram-me a tomar decisões sobre o meu estudo e a melhorar as minhas competências académicas. Estou muito grato a todas as pessoas acima mencionadas que me ajudaram de formas importantes, bem como a qualquer outra pessoa que me tenha ajudado de formas que não podem ser expressas em palavras. A vossa ajuda e apoio foram importantes para a conclusão deste trabalho.

RESUMO

Este estudo examina os pontos de vista e opiniões sobre a adoção de energias renováveis na Jamaica, particularmente nas regiões rurais e entre as empresas, utilizando métodos de investigação mistos. O estudo centra-se nos desafios energéticos da Jamaica, tais como os elevados custos da eletricidade, a dependência de combustíveis fósseis importados, a insuficiência de infra-estruturas energéticas e as questões ambientais. Foram inquiridos e entrevistados 50 participantes para recolher dados sobre as energias renováveis. Os custos da eletricidade na Jamaica têm um efeito notável tanto nos indivíduos como nas empresas, como indicam os resultados. O estudo concluiu que, embora a maioria dos participantes estivesse ciente das opções de energia renovável, o seu conhecimento das iniciativas e políticas governamentais de promoção das energias renováveis era limitado. As fontes de energia renováveis foram avaliadas na Jamaica, tendo a energia solar e a energia eólica sido identificadas como as opções mais viáveis, seguidas da energia hidroelétrica e da bioenergia.

O estudo destaca os desafios à implementação das energias renováveis, tais como barreiras financeiras, opções de financiamento inadequadas, pouca sensibilização e educação do público, apoio e incentivos governamentais insuficientes e dificuldades técnicas. Os participantes utilizaram várias fontes para recolher informações sobre as opções de energias renováveis, incluindo os meios de comunicação social, as redes sociais, os sítios Web governamentais e as empresas de energias renováveis. O estudo indica que os inquiridos possuem um nível moderado de conhecimentos sobre sistemas de microrredes alimentados por

fontes renováveis. Além disso, expressaram otimismo quanto à capacidade destes sistemas para promover a sustentabilidade. Foram levantadas preocupações sobre a fiabilidade e as complexidades técnicas das fontes de energia renováveis. Vários factores foram identificados como importantes para promover a adoção de soluções de energias renováveis, incluindo incentivos financeiros, empréstimos a juros baixos, campanhas de sensibilização do público e assistência técnica.
Palavras-chave: Energias renováveis, Jamaica, Desafios energéticos, Sensibilização, Barreiras, Sistemas de micro-redes, Sustentabilidade, Adoção, Métodos mistos.

Esboço do capítulo

Esta tese é composta por seis capítulos que têm como objetivo explorar o potencial das energias renováveis em Kellits, Clarendon, Jamaica, utilizando uma metodologia de investigação mista. De seguida, apresenta-se uma visão geral de cada capítulo e do seu conteúdo, adaptado ao contexto jamaicano:

Capítulo 1: Introdução

Neste capítulo introdutório, são apresentados os antecedentes e a fundamentação do estudo, centrando-se na crise energética enfrentada pela Jamaica, particularmente em comunidades rurais como Kellits, Clarendon. O problema de investigação, os objectivos, o quadro concetual, a área de estudo, a conceção da investigação e a metodologia, que inclui abordagens qualitativas e quantitativas com uma amostra de 50 inquiridos, são discutidos, fornecendo uma base para a tese.

Capítulo 2: Antecedentes

Este capítulo analisa os antecedentes do estudo, contextualizando a relevância das energias renováveis na resolução da crise energética na Jamaica, especificamente em Kellits, Clarendon. Destaca os desafios energéticos específicos enfrentados pela comunidade, incluindo apagões frequentes, e explora o potencial das energias renováveis como solução.

Capítulo 3: Revisão da literatura

A secção de revisão da literatura examina a literatura chave relacionada com a adoção das energias renováveis, os benefícios das fontes renováveis na agricultura e nas empresas rurais, os factores que influenciam a adoção das energias renováveis na Jamaica e as implicações da transição para as energias renováveis para o ambiente, a economia e o desenvolvimento sustentável. A análise inclui também recomendações baseadas em provas e melhores práticas para a implementação de projectos de energias renováveis em regiões insulares como a Jamaica.

Capítulo 4: Metodologia

Este capítulo apresenta uma visão global da metodologia de investigação mista utilizada no estudo. Descreve os métodos de investigação qualitativos e quantitativos utilizados, incluindo entrevistas, inquéritos e técnicas de análise de dados. O capítulo discute a estratégia de amostragem, os procedimentos de recolha de dados e os métodos de análise de dados utilizados no estudo, destacando a inclusão de 50 inquiridos da área de Kellits, Clarendon.

Capítulo 5: Conclusões e análise

Neste capítulo, são apresentadas as principais conclusões e análises da investigação. Os dados qualitativos e quantitativos recolhidos junto dos inquiridos são analisados, fornecendo informações sobre os desafios enfrentados pelo sector energético na Jamaica, o potencial das energias renováveis na agricultura e nas empresas rurais, os factores que influenciam a adoção das energias renováveis e as implicações da transição para as fontes renováveis.

Capítulo 6: Discussão e recomendações

O capítulo final analisa e discute os resultados em relação aos objectivos e metas do estudo. O investigador apresenta uma análise crítica dos resultados, salientando a importância dos resultados da investigação para o desenvolvimento de políticas e para a tomada de decisões na promoção das energias renováveis em Kellits, Clarendon e em zonas rurais semelhantes da Jamaica. As recomendações são apresentadas com base nos resultados da investigação, oferecendo sugestões práticas aos decisores políticos, às partes interessadas e à comunidade para fomentar a adoção das energias renováveis e promover o desenvolvimento sustentável.

Índice

CAPÍTULO 1 : INTRODUÇÃO

Neste capítulo introdutório, são apresentados os antecedentes e a fundamentação do estudo, centrando-se na crise energética enfrentada pela Jamaica, particularmente em comunidades rurais como Kellits, Clarendon. O problema de investigação, os objectivos, o quadro concetual, a área de estudo, a conceção da investigação e a metodologia, que inclui abordagens qualitativas e quantitativas com uma amostra de 50 inquiridos, são discutidos, fornecendo uma base para a tese.

A importância da energia na promoção do desenvolvimento sustentável não pode ser sobrestimada, uma vez que engloba uma vasta gama de dimensões ambientais, sociais e económicas. Estas dimensões incluem, entre outras, o emprego, a educação, a saúde e o acesso à água, tal como salientado pelo Programa das Nações Unidas para o Desenvolvimento (PNUD) em 2011. A escalada persistente do consumo mundial de energia continua a ser uma preocupação premente. Nos últimos vinte anos, verificou-se um aumento notável do consumo de energia primária, com um aumento registado de 45%. De acordo com as projecções, espera-se que esta tendência se mantenha nas próximas duas décadas, com um crescimento estimado de 39% (BP 2021). A escalada da procura de energia pode ser atribuída ao crescimento persistente da população e ao aumento simultâneo dos níveis de rendimento.

Os mercados energéticos mundiais foram significativamente afectados pela crise económica global que ocorreu entre 2008 e 2009, conduzindo a um estado de incerteza quanto ao futuro da energia global, tal como referido pela

Agência Internacional de Energia em 2010. De acordo com o relatório da Agência Internacional de Energia em 2010, o curso do progresso energético mundial será influenciado pela velocidade da recuperação económica e pelas medidas tomadas pelos governos para abordar questões de segurança energética e alterações climáticas. As perspectivas energéticas mundiais até 2035 estão sujeitas à influência de vários factores, como as acções políticas dos governos, os avanços tecnológicos, os preços da energia e o comportamento dos utilizadores finais, tal como referido pela Agência Internacional da Energia em 2010. A necessidade premente de resolver os problemas mundiais das alterações climáticas, da segurança energética e do desenvolvimento sustentável exige uma ação rápida através da implementação expedita de tecnologias avançadas de energia limpa (AIE 2010c). Nos tempos actuais, tem havido uma dedicação crescente entre as nações para contrariar os efeitos das alterações climáticas e eliminar os subsídios aos combustíveis fósseis. Se executada, esta medida teria um efeito substancial na procura de energia e na emissão de dióxido de carbono (CO2) (IEA 2010e). Os planos identificaram o aumento da proporção de fontes de energia renováveis no fornecimento de energia como uma estratégia fulcral.

A competitividade das fontes de energia renováveis tem vindo a aumentar devido aos avanços tecnológicos e à flutuação dos preços dos combustíveis fósseis. No entanto, é imperativo notar que o apoio contínuo do governo é crucial para a sustentabilidade desta tendência. O reconhecimento das vantagens económicas, de segurança energética e ambientais duradouras das fontes de energia renováveis tem o potencial de promover o apoio (IEA 2021). De acordo com o relatório de 2021 da REN21, a proporção de energias renováveis no consumo final global de energia a nível mundial foi de aproximadamente 12,8%. O recente relatório da IRENA sublinha o papel fundamental que as fontes de energia renováveis devem desempenhar para facilitar uma transição energética sustentável (IRENA, 2021). Numerosas nações estão atualmente a esforçar-se por aumentar a proporção de fontes de energia renováveis na sua carteira energética, com o objetivo de reforçar a segurança energética e simultaneamente mitigar as apreensões climáticas e ambientais. Os governos de todo o mundo persistem em estabelecer objectivos políticos destinados a aumentar a produção de eletricidade a partir de fontes renováveis. De acordo com o relatório da REN21 em 2021, várias metas estabelecidas nos últimos tempos visam atingir um intervalo de 15% a 25% até ao ano 2020.

De acordo com o último relatório da Agência Internacional da Energia em 2021, o sector da energia apresenta perspectivas dignas de nota para aumentar a implantação de fontes de energia renováveis. Prevê-se que a procura de eletricidade aumente de forma persistente e está em curso uma transição mundial para tecnologias com baixo teor de carbono na produção de eletricidade, impulsionada principalmente pelos esforços para reduzir as emissões de CO2 e aumentar a segurança energética (AIE 2021). Tendo em conta a disponibilidade limitada de combustíveis fósseis e os seus efeitos ecológicos prejudiciais, a utilização de fontes de energia sustentáveis continua a ser uma solução viável para a produção de eletricidade (Bhandari e Stadler 2009). Nos tempos modernos, tem-se registado um aumento notável na implementação de medidas destinadas a promover a utilização de fontes de energia sustentáveis (REN21 2021). Numerosas nações adoptaram tarifas feed-in, em conjunto com outros instrumentos políticos como leilões e acordos de compra de energia, como forma de acelerar a implantação de energias renováveis (IRENA 2021). A partir do ano em curso, um grande número de nações tem. A implementação de políticas e objectivos de apoio às energias renováveis é indicativa de uma dedicação inabalável à prossecução de um panorama energético sustentável. As Caraíbas não são exceção na indústria das energias renováveis.

CAPÍTULO 2 : ANTECEDENTES

Este capítulo analisa os antecedentes do estudo, contextualizando a relevância das energias renováveis na resolução da crise energética na Jamaica, especificamente em Kellits, Clarendon. Destaca os desafios energéticos específicos enfrentados pela comunidade, incluindo apagões frequentes, e explora o potencial das energias renováveis como solução.

2.1 Antecedentes do estudo

A região das Caraíbas apresenta uma dependência significativa de combustíveis fósseis importados para satisfazer as suas necessidades energéticas, o que coloca uma multiplicidade de desafios e vulnerabilidades. De acordo com Raggoth et al. (2020), as dimensões reduzidas e a reclusão de numerosas ilhas das Caraíbas constituem um desafio em termos de transporte e armazenamento dispendiosos de combustíveis fósseis, o que, em última análise, conduz a despesas energéticas elevadas para os utilizadores finais. Além disso, a dependência de fontes de energia não renováveis torna estas nações vulneráveis a variações na indústria petrolífera mundial, o que afecta a sua estabilidade financeira (International Renewable Energy Agency [IRENA], 2018).

Além disso, o processo de queima de combustíveis fósseis resulta na libertação de gases com efeito de estufa para a atmosfera, o que intensifica ainda mais a questão das alterações climáticas. Isto, por sua vez, leva a várias consequências, como a subida do nível do mar, um aumento da frequência de condições meteorológicas extremas e uma potencial ameaça à diversidade dos organismos vivos (IRENA, 2018). A região das Caraíbas é altamente vulnerável aos impactos negativos das alterações climáticas devido à sua vasta linha costeira e à sua suscetibilidade à subida do nível do mar, tal como referido pelo Programa das Nações Unidas para o Desenvolvimento em 2020. Para fazer face a estes obstáculos e promover o desenvolvimento sustentável, as nações das Caraíbas reconheceram a importância da transição para fontes de energia renováveis. As tecnologias de energias renováveis apresentam vários benefícios para a região das Caraíbas. A disponibilidade de irradiação solar é consistentemente elevada ao longo do ano, tornando a energia solar uma alternativa viável para produzir eletricidade (Kishore et al., 2019). De acordo com Raggoth et al. (2020), a utilização da energia eólica, particularmente nas regiões costeiras, oferece perspectivas consideráveis para a aquisição de energia fiável e sustentável. De acordo com o relatório da Agência Internacional para as Energias Renováveis (IRENA) de 2018, a energia geotérmica apresenta um meio fiável e duradouro de produzir calor e gerar energia devido à atividade vulcânica encontrada em ilhas específicas das Caraíbas. De acordo com a IRENA (2018), a bioenergia obtida a partir de resíduos agrícolas e orgânicos representa uma fonte de energia sustentável e autóctone.

A adoção de fontes de energia renováveis nas nações das Caraíbas tem o potencial de mitigar a sua dependência de fontes de energia não renováveis importadas, reforçar a resiliência energética e estimular o crescimento económico. De acordo com o relatório da IRENA de 2018, registou-se uma redução notável das despesas associadas às tecnologias de energias renováveis, tornando-as alternativas financeiramente mais viáveis. A transição para fontes de energia renováveis oferece perspectivas para o estabelecimento de oportunidades de emprego, investimentos locais e o cultivo de uma força de trabalho proficiente no sector das energias renováveis (PNUD, 2020). Além disso, a implementação de fontes de energia sustentáveis é consistente com as obrigações e acordos globais, como o Acordo de Paris, que procura restringir o aumento das temperaturas globais a menos de 2 graus Celsius acima dos níveis pré-industriais. De acordo com o relatório da IRENA de 2018, a implementação de tecnologias de energias renováveis é uma abordagem viável para as nações das Caraíbas participarem nos esforços mundiais para atenuar as alterações climáticas através da diminuição das emissões de gases com efeito de estufa.

2.2 Energias renováveis na Jamaica

A Jamaica, uma nação situada na região das Caraíbas, tem vindo a demonstrar avanços notáveis nos seus esforços para adotar fontes de energia renováveis. A Jamaica estabeleceu o objetivo de atingir 20% de energias renováveis até 2030, o que equivale a 188,2 MW, com base na sua capacidade total de rede de 941 MW (Jamaica Public Service Company Limited, 2023). O objetivo da Jamaica em matéria de energias renováveis pode parecer comparativamente menos ambicioso do que o dos seus países vizinhos. Os esforços da Jamaica são dignos de nota quando se avalia a capacidade instalada e o seu impacto no avanço regional mais alargado.

Ao analisar o compromisso da Jamaica de atingir uma quota de 20% de energias renováveis até 2030, o que implica a instalação de 188,2 MW de capacidade, é evidente que os esforços da Jamaica para o progresso regional são louváveis. O compromisso da Jamaica para com as energias renováveis é digno de nota, uma vez que representa uma parte substancial do progresso das Caraíbas no sentido da energia sustentável, com uma capacidade de rede combinada de 941 MW.

O quadro 1 mostra a capacidade de energia renovável dos países das Caraíbas

Country	2018 Renewable Share of Installed Power Capacity (%)	National RE Electricity Target (Base year 2015)	Remaining to be achieved by 2018 (pp.)	2018 Progress Benchmark	2027 Progress Benchmark	
Antigua & Barbuda	4%	15% by 2030	0 pp.	4%	12%	

The Bahamas	0.17%	30% by 2030	9 pp.	9%	24%	
Barbados	4%	65% by 2030	8 pp.	13%	50%	
Belize	53.1%	85% by 2030	-36 pp.	17%	68%	
Dominica	28.6%	25% by 2010	-4 pp.	25%	100%	
Dominican Republic	21.9%	25% by 2025	-14 pp.	8%	25%	
Grenada	4.2%	100% by 2030	16 pp.	20%	80%	
Guyana	14%	90% by 2027	9 pp.	23%	90%	
Haiti	20%	47% by 2030	-11 pp.	9%	38%	
Jamaica	**15.3%**	**20% by 2030**	**-11 pp.**	**4%**	**16%**	
St. Kitts & Nevis	5.7%	50% by 2030	4 pp.	10%	40%	
St. Lucia	3.5%	30% by 2020	15 pp.	18%	30%	
St. Vincent & The Grenadines	11.7%	60% by 2020	24 pp.	36%	60%	
Suriname	46.1%	>25% by 2025	-39 pp.	8%	25.1%	
Trinidad & Tobago	0%	5% of peak demand or (60 MW) by 2020	3 pp.	3%	5%	
Grouping Total	**15.5%**	**Regional Target 47% by 2027**	**-3.7 pp.**	**11.8%**	**47%**	

Fontes: (Bloomberg NEF, 2018; Francis, 2018; IRENA, 2018; Rocky Mountain Institute, 2018; TAPSEC, 2018; Ince, 2017; IRENA, 2016; Ochs, Alexander, et. al., 2015, pp. 41, 92).

2.3 Antecedentes da área de estudo

Kellits, que se encontra na paróquia jamaicana de Clarendon, é uma comunidade que sofre frequentemente cortes de eletricidade e se debate com uma série de problemas relacionados com a energia (Smith, 2019). As fontes de energia tradicionais, como os combustíveis fósseis e a rede eléctrica nacional, são a principal fonte de energia de Kellits; no entanto, estas fontes ficam frequentemente aquém das necessidades da cidade (Brown, 2020). Kellits é uma comunidade maioritariamente agrícola. Estes apagões são especialmente comuns em zonas rurais como Kellits, onde há menos fundos disponíveis para a construção e manutenção de infra-estruturas (Johnson, 2018). A inconsistência e a falta de fiabilidade do fornecimento de energia dificultam a realização das operações económicas e a vida dos residentes (Smith, 2019).

As comunidades rurais da Jamaica, incluindo Kellits, são desproporcionadamente afectadas pela escassez de energia e têm um acesso limitado a infra-estruturas modernas e a possibilidades económicas (Robinson et al., 2021). Isto aplica-se a todas as cidades rurais da Jamaica, e não apenas a Kellits. De acordo com Brown (2020), o elevado custo da eletricidade, juntamente com o seu fornecimento irregular, constitui um obstáculo substancial ao crescimento da cidade, bem como à sua qualidade de vida. Estes desafios são agravados pela localização geográfica da cidade, que contribui para que as suas necessidades energéticas sejam negligenciadas em favor de locais mais metropolitanos e populosos (Johnson, 2018). Consequentemente, a comunidade está a enfrentar um risco acrescido de ser vítima destes problemas.

A Kellits tem a oportunidade de fazer a transição para um modelo energético mais sustentável e autossuficiente, reconhecendo o potencial das fontes de energia renováveis, como a energia solar, a energia eólica e a bioenergia, para resolver o problema da energia (Williams, 2022). Isto permitirá à Kellits enfrentar a crise energética. Kellits pode aliviar os efeitos dos apagões e reduzir a sua dependência de combustíveis fósseis importados se tirar partido dos abundantes recursos naturais da região, como o sol e o vento (Robinson et al., 2021). Para ultrapassar os problemas energéticos que Kellits enfrenta atualmente, é essencial pôr em prática programas de energias renováveis adaptados às necessidades e aos recursos específicos da comunidade (Williams, 2022).

A investigação sobre projectos de energias renováveis em Kellits fornecerá informações úteis sobre a viabilidade e o impacto de tais projectos na comunidade (Smith, 2019). Esta investigação pode ser realizada através de uma pesquisa sobre projectos de energias renováveis em Kellits. Esta investigação não só lançará luz sobre os potenciais benefícios da adoção de energias renováveis, como também ajudará os decisores políticos, as autoridades locais e as partes interessadas da comunidade a estabelecer estratégias para promover o desenvolvimento sustentável e aumentar o acesso à energia em Kellits (Johnson, 2018). Esta investigação também ajudará a lançar luz sobre os potenciais benefícios da adoção das energias renováveis. Kellits tem o potencial de impulsionar as suas perspectivas económicas, melhorar a qualidade de vida dos seus cidadãos e contribuir para o desenvolvimento geral da paróquia de Clarendon, desde que a cidade resolva os défices de energia e os apagões que atualmente experimenta (Brown, 2020).

2.3 Declaração do problema

À semelhança de muitos outros países, a Jamaica enfrenta atualmente uma crise energética que apresenta obstáculos notáveis ao seu progresso e viabilidade a longo prazo (Bain et al., 2018). De acordo com Carrington et al. (2020), o país vê-se confrontado com despesas elevadas de eletricidade, uma dependência substancial de fontes de energia não renováveis importadas, infra-estruturas energéticas insuficientes e preocupações crescentes em relação à contaminação ambiental e às alterações climáticas. Dada a urgência destas preocupações críticas, é essencial que a Jamaica investigue e utilize o potencial das fontes de energia renováveis como uma solução viável e duradoura (Ramjeawon et al., 2019). O presente debate efectua uma análise da crise energética na Jamaica e sublinha o imperativo de dar prioridade ao avanço e à integração de tecnologias energéticas sustentáveis.

O sector energético da Jamaica é marcado por despesas elevadas de eletricidade que impõem uma pressão financeira tanto às empresas comerciais como às famílias (Bain et al., 2018). A vulnerabilidade do sector da energia é exacerbada pela sua significativa dependência de combustíveis fósseis importados, o que o torna suscetível ao impacto direto das flutuações globais do preço do petróleo na economia do país (Carrington et al., 2020). Os autores de Ramjeawon et al. (2019) afirmam que as infra-estruturas energéticas restritas e as instalações de produção de energia antiquadas constituem obstáculos à garantia de um fornecimento de energia fiável e eficaz para satisfazer as necessidades crescentes da população. A utilização de fontes de energia renováveis apresenta uma solução promissora para mitigar a crise energética da Jamaica e estabelecer um caminho para a sustentabilidade. De acordo com Bain et al. (2018), a Jamaica pode aliviar o fardo económico das famílias e das empresas, diminuindo a sua dependência de combustíveis fósseis caros e instáveis através da adoção de fontes de energia renováveis. A incorporação de fontes de energia renováveis tem o potencial de melhorar a segurança e a independência energéticas, alavancando recursos domésticos como a energia solar, eólica, hídrica, biomassa e geotérmica (Carrington et al., 2020).

O imperativo para a adoção de energias renováveis na Jamaica é ainda mais impulsionado pela consideração crítica da sustentabilidade ambiental. De acordo com Ramjeawon et al. (2019), a adoção de tecnologias de energia limpa pode levar a uma redução substancial das emissões de gases com efeito de estufa e servir como meio de atenuar os impactos negativos das alterações climáticas. A transição para fontes de energia renováveis está em conformidade com o esforço mundial para resolver a questão das alterações climáticas e reforça a dedicação da Jamaica à responsabilidade ecológica.

Para utilizar plenamente o potencial das energias renováveis, é imperativo que a Jamaica dê prioridade ao estabelecimento e à execução de políticas, regulamentos e incentivos adequados, como sugerido por Carrington et al. (2020). De acordo com Bain et al. (2018), é imperativo promover investimentos em infra-estruturas de energias renováveis e alargar a assistência monetária a empresas e indivíduos que pretendam adotar alternativas energéticas sustentáveis. De acordo com Ramjeawon et al. (2019), o processo de transferência de tecnologia e capacitação no desenvolvimento de energias renováveis pode ser facilitado através de colaborações com organizações internacionais e plataformas de partilha de conhecimentos. Além disso, é imperativo realizar uma investigação exaustiva e avaliações baseadas em dados para determinar as fontes adequadas de energia renovável, a sua acessibilidade e a viabilidade tecnológica de diversos métodos em diferentes localidades jamaicanas (Carrington et al., 2020). A investigação realizada pode fornecer informações valiosas para procedimentos de tomada de decisões estratégicas, melhorar a afetação de recursos e garantir a assimilação eficiente de sistemas de energias renováveis no quadro energético atual (Bain et al., 2018).

Considerando a investigação conduzida por Ramjeawon et al. (2019), é evidente que a crise energética na Jamaica requer atenção imediata e medidas proactivas para estabelecer um futuro sustentável e resiliente. A Jamaica pode potencialmente aliviar os obstáculos económicos, ambientais e sociais ligados ao quadro energético existente através da adoção de fontes de energia renováveis. De acordo com Carrington et al. (2020), a adoção de tecnologias de energia limpa apresenta várias vantagens, como a diminuição das despesas de eletricidade, a melhoria da estabilidade energética, oportunidades de emprego e a salvaguarda do ambiente. futuro sustentável para o país.

2.4 Objetivo do estudo

O objetivo deste estudo é avaliar o potencial das fontes de energia renováveis na resolução da crise energética da Jamaica e explorar a viabilidade e os benefícios da sua adoção para a produção de energia sustentável. Dada a crescente procura de energia na Jamaica, os elevados custos da eletricidade, a dependência de combustíveis fósseis importados e a necessidade de desenvolvimento sustentável, é urgente explorar o potencial das fontes de energia renováveis.

2.5 Importância do estudo

Este estudo é importante porque tem o potencial de abordar os desafios energéticos enfrentados pela comunidade de Kellits em Clarendon, Jamaica, e contribuir para o desenvolvimento sustentável. Este estudo visa fornecer informações e recomendações valiosas para os decisores políticos, empresas e membros da comunidade em Kellits, examinando criticamente as formas como as iniciativas de energias renováveis na área podem contribuir para o desenvolvimento económico local. Este estudo visa determinar o impacto da adoção e implementação de sistemas de energias renováveis em Kellits. Os resultados podem fornecer informações valiosas aos decisores para reduzir a dependência da comunidade de combustíveis fósseis importados, diminuir as despesas de eletricidade e promover a sustentabilidade ambiental. A importância do estudo reside na sua ênfase no desenvolvimento económico local, que tem o potencial de criar oportunidades de emprego, aumentar as perspectivas de rendimento e melhorar a qualidade de vida dos residentes de Kellits.

A importância deste estudo reside na sua contribuição para o conhecimento atual sobre a relação entre as energias renováveis e o desenvolvimento económico, particularmente nas zonas rurais da Jamaica. A importância do estudo reside no seu potencial para constituir um modelo para outras comunidades em Clarendon e não só, oferecendo orientações sobre como aproveitar as fontes de energia renováveis e promover o desenvolvimento económico a nível local. A importância do estudo reside no seu potencial para provocar uma transformação no panorama energético de Kellits, melhorar as condições socioeconómicas dos seus habitantes e estabelecer um modelo para o desenvolvimento sustentável na Jamaica rural. A importância deste estudo reside no seu potencial para contribuir para o desenvolvimento de um futuro mais autossuficiente e próspero para a comunidade de Kellits, explorando o potencial das energias renováveis na zona.

2.6 Objectivos da investigação

O principal objetivo da investigação é avaliar o potencial das fontes de energia renováveis na resolução da crise energética da Jamaica e explorar a viabilidade e os benefícios da sua adoção para a produção de energia sustentável.

Os objectivos do estudo são os seguintes:

1. Identificar e efetuar uma análise dos principais obstáculos que se colocam ao sector das energias renováveis na Jamaica.

2. Investigar o potencial de adoção de fontes de energia renováveis como alternativa aos desafios energéticos, particularmente nos sectores agrícola e comercial rural da Jamaica.

3. Explorar os factores que influenciam a adoção de energias renováveis na Jamaica.

4. Avaliar as implicações que a transição para fontes alternativas de energia teria para o ambiente, a economia e o futuro potencial de desenvolvimento sustentável da Jamaica.

5. Fazer recomendações e sugerir as melhores práticas para a implementação de projectos de energias renováveis em regiões insulares como a Jamaica.

2.7 Questões de investigação

As seguintes questões de investigação serão utilizadas para orientar a investigação.

1. Quais são alguns dos desafios enfrentados pelo sector da energia na Jamaica?
2. Como é que as fontes de energia renováveis podem responder aos desafios energéticos na agricultura e nas empresas rurais?
3. Que factores afectam a adoção de energias renováveis na Jamaica?
4. Quais são as implicações da transição para as energias renováveis para o

ambiente, a economia e o desenvolvimento sustentável?

5. Quais são as recomendações baseadas em provas e as melhores práticas para a implementação de projectos de energias renováveis nas regiões insulares?

2.8 Palavras-chave

As seguintes palavras

1. A transição energética sustentável refere-se ao esforço de transição de fontes de energia não renováveis para fontes de energia renováveis e sustentáveis, com o objetivo de alcançar a sustentabilidade nos aspectos ambientais, sociais e económicos (IRENA, 2019).
2. As regiões insulares são definidas como áreas geográficas que são englobadas pela água e são frequentemente confrontadas com desafios energéticos distintos devido à sua localização isolada e à disponibilidade restrita de recursos (Eurostat, 2018).
3. As Caraíbas são uma região geográfica que abrange o Mar das Caraíbas e as ilhas adjacentes, englobando nações como a Jamaica, Barbados e Trindade e Tobago (Nações Unidas, n.d.).
4. As fontes de energia renováveis são aquelas que se reabastecem naturalmente e têm um impacto ambiental mínimo. Exemplos de tais fontes incluem a energia solar, eólica, hídrica e geotérmica (IRENA, 2019)
5. O Banco Mundial (2019) identificou uma série de desafios relacionados com a

energia, incluindo os relacionados com a produção, a distribuição, a acessibilidade, a acessibilidade económica e a sustentabilidade.

6. O termo "combustíveis fósseis importados" refere-se à aquisição de carvão, petróleo e gás natural a países estrangeiros para satisfazer as necessidades energéticas de uma determinada região ou país (US Energy Information Administration, 2019).
7. A produção de eletricidade implica custos substanciais, que podem ser atribuídos a vários factores, como os preços dos combustíveis, a manutenção das infra-estruturas e a ineficiência dos sistemas energéticos. Estas despesas são uma preocupação significativa no sector da produção de eletricidade, tal como salientado pela Agência Internacional da Energia em 2017.
8. As consequências das alterações climáticas globais, como o aumento das temperaturas, a subida do nível do mar, os fenómenos meteorológicos graves e as perturbações dos ecossistemas, estão documentadas (IPCC, 2014).
9. Os aspectos sociotécnicos referem-se à convergência de factores sociais e técnicos na integração e adoção de novas tecnologias. Tal engloba a assimilação cultural, as alterações de comportamento e os quadros políticos, como referido por Geels (2012).
10. A adoção das energias renováveis é influenciada por vários factores, incluindo barreiras e motores. Estes factores podem dificultar ou facilitar a adoção das energias renováveis.

    Exemplos de tais factores incluem restrições financeiras, limitações tecnológicas, incentivos políticos, sensibilização do público e dinâmica do mercado. (Trutnevyte et al., 2016).

11. Os quadros políticos referem-se às estruturas legislativas e regulamentares que são instituídas pelos governos para fornecer orientação e supervisão das actividades relacionadas com a energia. Estes quadros incluem objectivos, incentivos e regulamentos em matéria de energias renováveis, entre outros (IEA, 2019).
12. Os mecanismos reguladores referem-se às políticas, regras e procedimentos estabelecidos pelos órgãos reguladores para garantir a adesão aos regulamentos de energia, normas de segurança e operações de mercado, conforme declarado pela IRENA em 2018.
13. As considerações tecnológicas englobam vários factores que estão associados à escolha, implementação e eficácia das tecnologias na indústria energética. Estes factores incluem, entre outros, a eficiência, a fiabilidade, a escalabilidade e a relação custo-eficácia das tecnologias em questão (Ritchie & Dowlatabadi, 2001).
14. A viabilidade económica de um projeto ou tecnologia energética é avaliada com base na sua viabilidade financeira e sustentabilidade económica, o que engloba uma análise dos custos, benefícios e retorno do investimento (Jamasb & Nepal, 2014).
15. A aceitação social diz respeito ao grau de aprovação, validação e integração das tecnologias e empreendimentos de energias renováveis entre as comunidades vizinhas, as partes interessadas e a população em geral (Devine-Wright, 2014).

16. As implicações socioeconómicas da transição para as energias renováveis são multifacetadas e abrangem vários aspectos, como as oportunidades de emprego, a distribuição de rendimentos, o desenvolvimento comunitário e o bem-estar. Estas consequências e efeitos foram amplamente estudados e documentados pelo Painel Intergovernamental sobre as Alterações Climáticas (IPCC) em 2011.
17. A implantação das energias renováveis tem implicações ambientais significativas, incluindo a redução das emissões de gases com efeito de estufa, a poluição atmosférica e as alterações na utilização dos solos. Isto de acordo com o Painel Intergovernamental sobre as Alterações Climáticas (IPCC) em 2011.
18. As emissões de gases com efeito de estufa referem-se à descarga de gases, incluindo dióxido de carbono (CO2) e metano (CH4), na atmosfera, o que resulta no efeito de estufa e, em última análise, contribui para as alterações climáticas (UNFCCC, 2019).
19. A segurança energética refere-se à garantia de um aprovisionamento energético fiável e eficaz em termos de custos que satisfaça as necessidades dos indivíduos, das comunidades e das empresas, atenuando simultaneamente a suscetibilidade a interrupções no aprovisionamento, tal como definido pela Agência Internacional da Energia em 2019.
20. O desenvolvimento de capacidades refere-se ao processo sistemático de aumentar o conhecimento, as competências e os recursos de indivíduos, organizações e comunidades para executar e administrar proficientemente

projectos de energias renováveis (IRENA, 2019).

CAPÍTULO 3 : REVISÃO DA LITERATURA

Este capítulo explicará a revisão da literatura do estudo de investigação. A secção de revisão da literatura examina a literatura chave relacionada com a adoção das energias renováveis, os benefícios das fontes renováveis na agricultura e nas empresas rurais, os factores que influenciam a adoção das energias renováveis na Jamaica e as implicações da transição para as energias renováveis para o ambiente, a economia e o desenvolvimento sustentável. A análise inclui também recomendações baseadas em provas e melhores práticas para a implementação de projectos de energias renováveis em regiões insulares como a Jamaica.

3.1 O contexto jamaicano

A indústria da energia é uma componente vital da estabilidade nacional em todas as economias, uma vez que serve como um contributo crítico para a produção de bens e serviços fundamentais para o desenvolvimento social e económico. A energia renovável (ER) está a tornar-se cada vez mais significativa à medida que as nações se esforçam por passar do consumo de quantidades substanciais de combustíveis fósseis para sistemas energéticos que atenuem o impacto das alterações climáticas. A nação da Jamaica está a seguir ativamente uma iniciativa estratégica para diminuir a sua dependência do petróleo importado. Este objetivo está a ser alcançado através da implementação de sistemas energéticos modernizados que incorporam fontes de energia verde sustentáveis do ponto de vista ambiental, tal como delineado no Plano de Desenvolvimento Nacional Visão 2030 (NDP) do Instituto de Planeamento da Jamaica.

Consequentemente, estão a ser redireccionados recursos para apoiar a expansão das tecnologias de energias renováveis.

As necessidades energéticas da Jamaica são predominantemente satisfeitas através da importação de petróleo, devido à ausência de reservas autóctones de combustíveis fósseis. A eletricidade produzida a partir do petróleo é acessível a um mínimo de 93% da população. Apesar disso, a ilha vê-se confrontada com uma necessidade crescente de combustível e com uma escassez de meios financeiros para fazer face a um aumento das despesas com o petróleo, o que condiciona a estabilidade energética, uma vez que cerca de 9 a 11% do seu PIB é afetado às importações de petróleo.

Consequentemente, as vantagens da transição de fontes de energia não renováveis para alternativas sustentáveis ultrapassam o aumento da estabilidade energética. De acordo com avaliações comparativas dos custos, prevê-se que a Jamaica possa realizar poupanças nas despesas do sistema energético de até 12,5 mil milhões de dólares até 2030. Assim, as consequências ecológicas e financeiras adversas exigem uma transição das fontes de energia não renováveis para diversas alternativas de energia renovável.

O objetivo de obter energia acessível, duradoura e contemporânea para todos os membros da sociedade tem consequências de grande alcance para as metodologias de produção, os padrões de utilização doméstica, os meios de subsistência e a preservação do ambiente. A forma como as nações se esforçam por enfrentar os desafios associados à produção e disseminação de energia tem implicações significativas que exigem uma abordagem abrangente que considere a diversidade de factores influentes.

A economia da Jamaica, que se caracteriza por ser pequena e aberta, apresenta um elevado grau de dependência de combustíveis fósseis importados para o consumo, a produção e o transporte de energia. Este fenómeno resulta numa diminuição da segurança energética interna, que tem um impacto direto nos preços dos bens e serviços e contribui para a libertação de poluentes nocivos no ambiente. As medidas de política destinadas ao sector da energia reforçam, de forma consistente, a norma de fornecer acesso à eletricidade a quase todos os indivíduos, ao mesmo tempo que aumentam a variedade de fontes de energia, incorporando mais opções alternativas e renováveis. O objetivo do país é reduzir as despesas, aumentar a eficácia e diminuir o impacto ambiental, regulando o sector da energia para facilitar a inclusão de produtores adicionais e fontes mais limpas.

3.2 Tipos de energias renováveis disponíveis na Jamaica

Há várias componentes das energias renováveis que são aplicáveis à Jamaica. A Jamaica dispõe de uma grande variedade de recursos energéticos renováveis, nomeadamente energia solar, eólica e de biomassa, que não foram totalmente utilizados no passado, mas que poderão satisfazer uma parte significativa das futuras necessidades energéticas do país. De acordo com estimativas de 2004, as fontes de energia alternativas e endógenas, como a madeira, o bagaço e a energia hidroelétrica, representam 8% do abastecimento global de energia da Jamaica. A madeira para combustível e o carvão vegetal, que em parte não são considerados recursos renováveis devido à extração e reflorestação irregulares, são de longe as fontes de energia alternativas mais significativas, a seguir ao bagaço. A investigação explorará o potencial e as perspectivas dos tipos de energia renovável (Ince, Vredenburg e Liu, 2016).

3.2.1 Energia solar

A irradiação solar média na Jamaica é elevada, com 5 kWh/m2/dia, ou seja, cerca de 1 800 kWh por ano. Em 1994, foi publicado um mapa preliminar da radiação solar, com base em observações efectuadas em vários locais. A Jamaica tem um grande potencial para a energia solar. Na maior parte do país, a irradiância horizontal global, ou GHI, situa-se entre 5 e 7 kWh por metro quadrado por dia (kWh/m2/dia). Nalgumas regiões do país, o GHI é ainda maior, podendo atingir os 8 kWh/m2/dia. Para colocar as coisas em perspetiva, apenas um pequeno número de lugares na Alemanha, que tem cerca de metade da capacidade solar fotovoltaica instalada no mundo, tem um GHI superior a 3,5 kWh/m2/dia. Uma cidade do sudoeste dos Estados Unidos conhecida pelo seu potencial solar, Phoenix, Arizona, tem um GHI médio de 5,7 kWh/m2/dia (ABDULKADRI, 2014).

Apenas a parte oriental da ilha, a sul de Port Antonio, tem um GHI relativamente baixo (4-5 kWh/m2/dia). Apesar da baixa densidade populacional nesta zona, a produção fora da rede poderia, no entanto, aproveitar o recurso solar. Os níveis de irradiação normal direta (DNI) na Jamaica são geralmente demasiado baixos para o desenvolvimento comercial da CSP, mas são bons para o aquecimento solar da água. No entanto, dado que a tecnologia tem a capacidade de gerar eletricidade de base em grande escala utilizando sistemas de armazenamento de energia térmica, devem ser realizados mais estudos sobre o potencial de CSP da Jamaica.

3.2.2 Energia eólica

Wigton Windfarm e Munro Wind Farm são os dois parques eólicos à escala comercial atualmente em funcionamento na Jamaica. Munro, uma central propriedade da JPS com quatro turbinas e uma capacidade de 3 MW, está situada em St. Elizabeth. O local de Wigton, que fica no planalto de Manchester, foi escolhido por ser um recurso potente porque, durante um período de seis anos, a velocidade do vento no local foi em média de 8,3 metros por segundo (m/s). 15 A Fase I da central, composta por 23 turbinas com 900 kW de potência e uma altura de cubo de 49 metros cada, entrou em funcionamento em 2004 com uma potência inicial de 20,7 MW. Nove turbinas eólicas Vestas V80 de 2 MW com alturas de cubo de 67 metros constituíam a Fase II, que começou a acrescentar 18 MW de capacidade adicional à rede em dezembro de 2010. A Fase I produziu entre 44,2 e 59,4 GWh por ano desde o início das operações em 2004, enquanto a expansão da Fase II quadruplicou esse valor. A Petroleum Corporation of Jamaica começou a realizar avaliações da velocidade do vento em 1995 para encontrar potenciais locais para projectos de energia eólica. Estas avaliações influenciaram a decisão de escolher Wigton para um parque eólico de 20 MW (que foi entretanto alargado para 38,7 MW). Através destas avaliações, a PCJ descobriu que pelo menos três outros locais tinham recursos eólicos adequados para parques eólicos de 20 MW e que a costa sul da Jamaica tem o maior potencial de energia eólica do país (Loy e

Coviello, 2005).

A uma altura de 40 metros, Green Castle (St. Mary), Blenheim (Manchester) e Spur Tree (Manchester), em particular, registaram velocidades médias anuais do vento elevadas de 7,2, 7,3 e 7,7 m/s. Com uma velocidade média do vento de 8,3 m/s, Wigton, em Manchester, registou a maior velocidade do vento. 20. A Wigton Windfarm Ltd. está atualmente a realizar estudos eólicos em 20 locais com a assistência do Banco Interamericano de Desenvolvimento (BID). O governo está a trabalhar com a Wigton para obter os resultados mais recentes desta avaliação, uma vez que estes fornecerão dados actualizados e abrangentes sobre os recursos eólicos em todo o país. Neste Roteiro, tanto estes resultados como a avaliação eólica 3TIER são apresentados e discutidos. No total, estão a ser utilizados 70 anemómetros na avaliação eólica de Wigton, que é apoiada pelo BID, para recolher dados a alturas entre 10 e 60 metros. As velocidades do vento a 80 metros, uma altura típica para turbinas eólicas, são depois projectadas com base nestas observações. Em vez de estimar o potencial energético de locais específicos, a iniciativa tenta avaliar o potencial eólico de regiões da Jamaica. O resumo final da avaliação do potencial eólico do país centrar-se-á fortemente na propriedade da terra em locais com ventos fortes. Os resultados preliminares da avaliação de Wigton oferecem previsões para a velocidade média do vento em 18 locais durante os seis meses de outubro de 2011 a abril de 2012. Alguns destes locais superam o atual parque eólico de Wigton (Makhijani et al, 2013).

Contrataram a 3TIER para efetuar a análise zonal do vento em três locais adicionais escolhidos em consulta com Wigton, para além das avaliações anemométricas contínuas: Paróquia de Portland Port Antonio, a sede da paróquia, e a cordilheira Blue Mountain encontram-se ambas na paróquia de Portland (a área está assinalada a vermelho na Figura 3.5), situada na costa nordeste da Jamaica. Os dois principais sectores económicos de Portland são a agricultura e o turismo, sendo que a freguesia tem potencial para desenvolver o ecoturismo. Os ventos alísios do nordeste passam sobre a paróquia de Portland, criando um recurso eólico muito poderoso (Loy e Coviello, 2005). Na costa sudoeste de A Jamaica, em St. Elizabeth, a segunda maior paróquia, é onde se situa Retrieve. As principais actividades económicas são a exploração mineira de bauxite, a produção e transformação de açúcar e o turismo, com o ecoturismo a registar um crescimento recente. O terreno montanhoso da localidade de Retrieve contribui para o seu grande potencial eólico.

Os dados recolhidos em 11 áreas dispersas pela ilha foram utilizados na avaliação para determinar o potencial eólico offshore. Em comparação com os seus recursos eólicos em terra, o potencial eólico offshore médio da Jamaica é robusto e fiável. As três zonas avaliadas apresentam um elevado potencial de produção de energia eólica, de acordo com as avaliações da 3TIER. Os factores de capacidade médios são significativamente superiores ao número mínimo de 30% que é frequentemente utilizado para decidir se um local é adequado para o desenvolvimento eólico comercial, variando entre 50% (velocidade média do vento de 8,60 m/s) e 59,6% (velocidade média do vento de 9,76 m/s) (Shirley e Kammen, 2013). Além disso, o estudo inicial de Wigton, que é apresentado abaixo, concluiu que as velocidades do vento nestas três zonas são comparáveis às dos pontos mais fortes. A quantidade de recursos eólicos em cada zona foi calculada através da média das leituras efectuadas em vários locais. Apesar desta grande amplitude, sete dos oito locais em Portland Parish, com factores de capacidade superiores a 30%, seriam comercialmente viáveis para um parque eólico. A velocidade média do vento nos oito locais analisados variou de 6,28 m/s a 13,38 m/s. Os oito locais em Retrieve onde a velocidade média do vento foi medida variaram entre 7,62 m/s e 9,65 m/s, e mesmo aqui, o local com a velocidade média do vento mais baixa ainda seria comercialmente viável para um parque eólico (fator de capacidade > 40%).

Embora a Jamaica possua recursos eólicos offshore robustos, existem recursos eólicos onshore potencialmente mais fortes que são mais fáceis e económicos de desenvolver. Embora algumas das 11 zonas offshore estudadas tenham registado ventos mais fortes do que a média, a variação da velocidade do vento entre as localizações offshore foi menor do que em cada uma das zonas onshore. Nas três zonas, a velocidade do vento tende a seguir um ciclo sazonal previsível, com picos de novembro a fevereiro e novamente em junho e julho, com níveis anualmente baixos (mas ainda utilizáveis) em setembro. O potencial eólico varia muito em todo o país, com a maioria das análises zonais a mostrar um recurso de pico à tarde e à noite, o que está de acordo com as horas de pico do consumo de energia na Jamaica (Jargstorf, 2011). Além disso, o potencial eólico apresenta picos sazonais no verão e no inverno, o que pode ajudar a suprir as necessidades de arrefecimento durante a estação marginalmente mais quente. Com velocidades médias de vento que variam entre 7,6 e 9,7 m/s, dos 18 locais avaliados por Wigton, Fair Mountain, Kemps Hill, Rose Hill, Top Lincoln e Winchester têm os recursos mais fortes. Os dados idealizados sobre a variabilidade diária e sazonal dos recursos, bem como os factores de capacidade média a longo prazo, serão fornecidos pelas análises anemométricas abrangentes de todos os locais, cuja publicação está prevista para o segundo semestre de 2013. Os promotores de projectos poderão selecionar os melhores locais para o desenvolvimento de parques eólicos com a ajuda destas medidas, informações sobre a proximidade da rede e informações sobre a viabilidade do local (Nexant, 2010).

3.2.3 Energia hidroelétrica

A topografia e o clima da Jamaica criaram vários rios adequados para a utilização de energia hidroelétrica. Nos últimos 100 anos, a produção de eletricidade a partir de um rio tem sido uma prática típica na ilha. Em 2003, a quota total das instalações hidroeléctricas na produção de eletricidade pública era de apenas 4%. Durante algumas épocas do ano, a oferta de capacidade firme é limitada pelas secas frequentes. Os sistemas mais recentes estão a ser utilizados há mais de 15 anos, embora a maioria deles seja bastante antiga. Existem atualmente oito pequenas centrais hidroeléctricas a fio de água na Jamaica, todas elas propriedade da JPS. Estão a ser planeadas várias outras instalações (Loy e Coviello, 2005).

Para analisar o potencial hidroelétrico em 11 locais da Jamaica, a Comissão Económica das Nações Unidas para a América Latina e as Caraíbas realizou avaliações. A maioria dos locais revelou uma capacidade potencial de 2,5 MW ou superior, num total de 33,4 MW. 28. Para decidir quais as tecnologias hidroeléctricas adequadas para os locais identificados, em especial se se destinam a projectos a fio de água ou a pequenas barragens, é necessário ter acesso a informações mais específicas provenientes desta avaliação. A relação custo-eficácia da criação de uma pequena capacidade hidroelétrica deve ser avaliada por estudos de viabilidade actuais, que devem incluir dados sobre a proximidade da rede ou a viabilidade do desenvolvimento fora da rede. Em 100 locais, os medidores de caudal da Autoridade de Recursos Hídricos da Jamaica fornecem dados diários sobre os caudais. Por conseguinte, a determinação do potencial de instalações hidroeléctricas modestas em outros locais requer apenas um pequeno número de medições adicionais.

3.2.4 Potencial de energia da biomassa

O bagaço de cana-de-açúcar, que é utilizado pelos transformadores de cana-de-açúcar para produzir eletricidade nas suas próprias instalações, é atualmente a principal fonte de combustível de biomassa da Jamaica. Desde o seu pico em 1965, a produção de açúcar da Jamaica tem vindo a diminuir e os 46 000 hectares de terra reservados para o cultivo da cana-de-açúcar estão em grande parte inactivos. 31 Atualmente, a Jamaica produz 53 toneladas de cana-de-açúcar por hectare em 32.000 hectares de agricultura, ou seja, cerca de 1,5 milhões de toneladas de cana-de-açúcar por ano. Para atingir o objetivo anual de 3,5 milhões de toneladas de cana-de-açúcar produzidas pelas explorações agrícolas e pelos produtores privados até 2016-17, o Ministério da Agricultura (MOA) tenciona aumentar significativamente a produção de cana-de-açúcar nos próximos anos. Ao aumentar a produção de cana-de-açúcar para 44.000 hectares e a intensidade da produção para cerca de 80 toneladas por hectare, o MOA pretende atingir este objetivo de produção. Prevê-se que um milhão de toneladas desta produção acrescida seja utilizado para produzir rum e misturar etanol para combustível (a Jamaica importa atualmente etanol). A restante cana-de-açúcar será utilizada para produzir 200.000 toneladas de açúcar por ano, das quais 80.000 a 90.000 serão utilizadas para consumo interno e a parte restante será enviada para outros países das Caraíbas e outros locais (Loy e Coviello, 2005).

Atualmente, a Jamaica possui sete instalações de transformação de cana-de-açúcar com uma capacidade total anual de mais de 4 milhões de toneladas. Recentemente, a Sugar Company of Jamaica, propriedade do Estado, vendeu as suas participações em fábricas de açúcar. As fábricas de Frome, Monymusk e Bernard Lodge foram vendidas a uma empresa chinesa em 2011, e as fábricas de Trelawny e St. Thomas foram vendidas a investidores locais em 2009. Dado que a energia excedentária não podia ser vendida à rede aquando do estabelecimento das instalações de produção, a capacidade de cogeração de bagaço existente na Jamaica é propositadamente ineficiente para queimar o máximo de bagaço possível. Embora seja possível obter eficiências de cerca de 90%, as caldeiras foram construídas para obter eficiências inferiores a 50%. Caldeiras de excelente pressão com alta eficiência podem produzir 110 kWh ou mais por tonelada de cana-de-açúcar se a produção de bagaço estiver ligada à rede para a venda de energia extra (Loy e Coviello, 2005)... O bagaço pode fornecer 220 GWh de eletricidade à rede da Jamaica em cada período de 185 dias de colheita, se forem implementadas tecnologias eficientes de processamento e produção de açúcar em todas as fábricas de açúcar do país (dezembro a abril).

A avaliação da biomassa contida neste Roteiro foi encomendada pelo MSTEM da Jamaica e baseia-se numa investigação efectuada em 2011 pela Landell Mills Development Consultants Ltd. (LML), que foi financiado pela União Europeia e examina a capacidade do sector do açúcar para exportar eletricidade para a rede nacional. O estudo analisa a atual capacidade de auto-geração e co-geração da indústria açucareira e apresenta sugestões para melhorar a produção e venda de energia. Dado que a cana-de-açúcar é uma das principais culturas da Jamaica e a principal fonte de produção de biomassa do país neste momento, o estudo concentra-se no potencial de produção de bagaço.

O estudo não inclui o cultivo de culturas específicas para combustíveis devido a preocupações com o uso da terra e a competitividade dos preços dos alimentos. A atual previsão da colheita de cana-de-açúcar, que está abaixo de um máximo de 3,5 milhões de toneladas durante a década de 1970, foi considerada na avaliação do LML. O potencial de produção de bagaço nos próximos anos pode ser maior do que o previsto, dadas as aspirações do MOA de aumentar a produção para o seu nível elevado anterior. Antes do fornecimento de energia à rede, são necessárias melhorias de eficiência para tornar as fábricas de açúcar auto-suficientes em termos de eletricidade. Embora excluindo a utilização adicional de fuelóleo e gasóleo, o consumo médio de energia das fábricas de açúcar da Jamaica, 22 kWh por tonelada de cana, está dentro da diretriz mundial de 20-25 kWh por tonelada. A baixa eficiência da produção de energia é causada pela necessidade média de vapor de 0,7 toneladas por tonelada de cana, que é mais do que a diretriz mundial de 0,5 toneladas ou menos (Loy e Coviello, 2005).

Para além das limitações de funcionamento, as actuais unidades de produção dos moinhos não são adequadas para exportar eletricidade para a rede. A maioria das unidades de produção das fábricas utiliza turbinas de baixo rendimento e funciona a baixa pressão. Com as políticas e a tecnologia atualmente em vigor, todas as seis fábricas, com exceção de uma, sofreriam perdas com a exportação de eletricidade. A fábrica de Appleton destaca-se pelo facto de ter investido anteriormente numa caldeira com maior pressão. A cogeração seria mais rentável se as fábricas pudessem produzir mais eletricidade por cada unidade de vapor (e mais vapor por cada unidade de bagaço) graças a caldeiras de maior pressão e a máquinas mais eficientes. Para aumentar a produção e a capacidade de produção de eletricidade ao mesmo ritmo que a produção de cana-de-açúcar, poderiam ser utilizadas caldeiras de maior pressão. O estudo do LML concluiu que poderiam ser produzidos 140 kWh por tonelada de cana, utilizando as actuais tecnologias de caldeiras e uma gestão sensata dos geradores das fábricas de açúcar. Os moinhos de açúcar poderiam vender 120 kWh por tonelada à rede, com uma procura de energia de 20-25 kWh por tonelada. Apenas quatro fábricas demonstraram ser rentáveis com as actuais tarifas de alimentação da Jamaica, mesmo pressupondo caldeiras de alta pressão e uma gestão mais eficaz dos geradores.

turbinas de condensação. Mesmo estes ganhos previstos são tipicamente insignificantes e insuficientes para atrair investidores. Devido à reduzida despesa inicial necessária para a sua caldeira, a Appleton Mill é, mais uma vez, a única fábrica a oferecer uma rentabilidade esperada otimista (Makhijani, 2013).

Independentemente dos avanços tecnológicos, a LML descobriu que qualquer melhoria da eficiência das centrais eléctricas dos engenhos de açúcar exigiria o desenvolvimento de secções de energia inteiramente novas para cada engenho. As infra-estruturas actuais não são adequadas para serem renovadas ou melhoradas devido à sua idade e estado. Uma vez que a época de colheita da cana-de-açúcar na Jamaica dura cerca de 185 dias, a produção das fábricas de açúcar deve ser limitada a esse período ou devem ser utilizados combustíveis alternativos à biomassa durante o resto do ano. O estudo da LML calculou a quantidade de biomassa adicional necessária anualmente para que cada fábrica de açúcar possa fazer funcionar as suas instalações de produção de cana-de-açúcar durante todo o ano. Existem outros resíduos agrícolas que contêm elementos fibrosos que podem ser utilizados para a produção de eletricidade, como a polpa de café e as cascas de coco. No entanto, uma vez que estes resíduos necessitam de manuseamento e transporte específicos, não existem atualmente fornecimentos significativos perto de instalações de biomassa activas. Atualmente, não existem plantações de culturas energéticas na Jamaica. O desenvolvimento de uma nova indústria e a consideração cuidadosa dos efeitos sobre o ambiente e os preços dos alimentos seriam necessários para a utilização de culturas energéticas especializadas como matéria-prima de biomassa. Com base nas três pressões diferentes das caldeiras, o estudo da LML calculou as quantidades de bagaço e de outra biomassa utilizadas para gerar energia nas seis fábricas de açúcar, aumentando a eficiência do modelo das centrais de produção de bagaço e operando-as durante todo o ano, com um aumento adicional dos combustíveis de biomassa e a operação durante todo o ano das instalações de produção de bagaço com a maior eficiência prevista, poderia satisfazer cerca de 10% das actuais necessidades de eletricidade da Jamaica.

Em alternativa, para atingir os níveis de produção mencionados, se a produção das fábricas de açúcar se restringir ao bagaço, uma parte do bagaço pode ser peletizada e mantida para utilização como combustível durante a época de entressafra. Os aumentos de capacidade seriam menores porque esta produção seria distribuída ao longo de um ano inteiro. Sem recorrer a outras fontes de biomassa, a procura de eletricidade da Jamaica poderia ser satisfeita apenas com a produção de bagaço se a produção de cana-de-açúcar aumentasse dos actuais 1,5 milhões de toneladas por ano para 3,5 milhões de toneladas por ano até 2016-17. A fim de incentivar os produtores de açúcar a melhorar a eficiência da produção e a vender o excesso de energia à rede, é necessário aumentar os pagamentos para a produção independente de eletricidade a partir do bagaço.

3.3 Melhorias na Jamaica

O Plano Integrado de Recursos da Jamaica de 2018 foi formulado com o objetivo de estabelecer uma estratégia global para diversificar as fontes de energia existentes. A proposta delineia uma estratégia global que abrange duas décadas no domínio do investimento em eletricidade na Jamaica. O plano estabelece uma visão que implica a consecução de objectivos específicos, incluindo a utilização de fontes de energia renováveis para representar 32,0% da produção de eletricidade até ao ano 2030 e 50,0% até 2037. A presente estratégia baseia-se na Política Energética Nacional 20092030, que é uma política energética global concebida para aumentar a eficiência e a diversificação, a fim de oferecer uma energia acessível e de alta qualidade, sendo simultaneamente sustentável do ponto de vista ambiental e diminuindo a dependência do petróleo.

No ano de 2015, as fontes renováveis representaram 6,1% do total da produção de eletricidade. O rácio apresentou uma tendência ascendente ao longo do período em questão, como evidenciado pelo facto de a quota de fontes renováveis na produção de eletricidade ter ascendido a 10,7% do fornecimento global de energia primária no ano de 2019, de acordo com o relatório do ESSJ. Foram empreendidas várias iniciativas durante o período de 2015 a 2020 para acelerar o avanço no sentido de aumentar a implantação de fontes de energia renováveis na carteira de energia. As instalações incluem o parque eólico de Wigton, de 37 megawatts, em Manchester, a instalação solar de Eight Rivers, com uma capacidade de um megawatt, situada em Westmoreland, a instalação eólica de 37 bmr, situada em St Elizabeth, e uma central solar de 20 megawatts, situada em Clarendon. De acordo com os dados fornecidos pelo JPS, a potência em watts das fontes de energia renováveis em 2015 foi de 1 240 GW para o vapor e de 1 679,4 GW para as fontes independentes. Em 2019, estes valores diminuíram para 944,8 GW e 1 054 GW, respetivamente, o que indica uma diminuição da dependência da energia a vapor (ESSJ, 2019).

A melhoria da eficiência energética está a ser prosseguida através de iniciativas significativas, como o Programa de Gestão e Eficiência Energética (EMEP) e o Programa de Eficiência e Conservação Energética (EECP). O EMEP procura administrar a eficiência e conservação energética da Jamaica através da conceção e execução de medidas rentáveis no sector público. Do mesmo modo, o EECP também tem por objetivo promover a eficiência e a conservação energéticas. A iniciativa EMEP tem por objetivo reduzir as despesas de energia do governo jamaicano através da aplicação de medidas de eficiência energética. A sua criação foi facilitada por uma subvenção financeira de 40 milhões de dólares do Banco Interamericano de Desenvolvimento, da Agência Japonesa de Cooperação Internacional e da Facilidade de Investimento da União Europeia para as Caraíbas. O projeto realizou auditorias de investimento em sete hospitais e deu formação a 272 gestores de instalações em 30 instalações públicas, incluindo escolas, hospitais e instituições governamentais. Alinhado com a política energética e o objetivo do governo de atingir um mínimo de 50 % da produção de eletricidade a partir de fontes renováveis ou mais limpas, foi inaugurado em 2019 um terminal flutuante de gás natural liquefeito (GNL). O seu objetivo é fornecer combustível ecológico e rentável aos estabelecimentos, incluindo a central eléctrica de 190 megawatts em Old Harbour, explorada pelo Serviço Público da Jamaica (JPS).

Além disso, a Jamaica Urban Transit Company (JUTC) realizou efetivamente um ensaio de gás natural liquefeito (GNL) nos seus veículos de transporte, com o objetivo de incentivar a adoção de alternativas de combustível ecológicas e economicamente viáveis. Além disso, o Governo da Jamaica (GOJ), em colaboração com o Banco Interamericano de Desenvolvimento (BID), está ativamente empenhado na implementação do Projeto de Apoio aos Transportes Sustentáveis e à Electromobilidade Alimentada por Energias Renováveis na Jamaica, com um valor estimado de 67,1 milhões. O projeto visa desenvolver um quadro estratégico de mobilidade eléctrica que facilitará a transição para tecnologias avançadas nos sectores dos transportes e da energia. A Jamaica sincronizou-se estrategicamente com as metas de Biodiversidade de Aichi através dos seus objectivos de desenvolvimento nacional, especificamente a Visão 2030 da Jamaica, e dos seus quadros políticos e planos de ação correspondentes, incluindo o Plano Diretor do Sistema de Áreas Protegidas (2012). A mobilização de recursos é imperativa para apoiar a realização dos objectivos de desenvolvimento e garantir a preservação de um ambiente natural sustentável. Durante o ano de 2019, o Programa das Nações Unidas para o Ambiente (PNUA) prestou apoio financeiro a seis iniciativas distintas, num total de 6,2 milhões de dólares americanos. Estes projetos centraram-se em várias áreas, como a silvicultura, a eficiência energética, as energias renováveis, a gestão de resíduos e a biodiversidade.

3.4 Obstáculos e factores de mudança para uma energia sustentável

A transição para sistemas energéticos sustentáveis nas regiões insulares é influenciada por vários obstáculos e factores. Um dos principais obstáculos é a forte dependência de combustíveis fósseis importados, que contribui para os elevados custos de produção de eletricidade (AIE, 2017). Esta dependência de combustíveis importados coloca desafios económicos às ilhas, uma vez que as flutuações nos preços dos combustíveis e as perturbações no abastecimento podem ter um impacto significativo nos custos da energia e na segurança energética global (IRENA, 2019). Além disso, a disponibilidade e acessibilidade limitadas dos recursos energéticos nas ilhas amplificam os obstáculos à transição energética (Eurostat, 2018). Por outro lado, vários factores promovem a adoção de fontes de energia renováveis nas regiões insulares. O fator mais proeminente é a necessidade de mitigar as alterações climáticas e reduzir as emissões de gases com efeito de estufa (IPCC, 2014). As ilhas são particularmente vulneráveis aos impactes das alterações climáticas, incluindo a subida do nível do mar e fenómenos meteorológicos extremos, o que realça ainda mais a urgência da transição para sistemas energéticos sustentáveis (UNEP, 2014). Os quadros políticos que incluem metas e incentivos para as energias renováveis servem como importantes motores para transições energéticas sustentáveis (IEA, 2019). Além disso, os benefícios socioeconómicos das energias renováveis, como a criação de emprego, o desenvolvimento económico local e a independência energética, incentivam a mudança para sistemas energéticos sustentáveis (IPCC, 2011).

O Programa para o Desenvolvimento das Energias Renováveis nas Caraíbas (CREDP) foi criado em 1998 com o objetivo de identificar e resolver os obstáculos ao desenvolvimento das energias renováveis (ER) na região das Caraíbas (CREDP, n.d.). O CREDP foi lançado com a intenção de identificar e eliminar estes impedimentos. O CREDP foi capaz de identificar muitos obstáculos importantes através de entrevistas com as principais partes interessadas na região. Estes obstáculos estão a atrasar o avanço das energias renováveis na região.

Os obstáculos relacionados com as políticas foram reconhecidos como uma das categorias mais significativas de impedimentos, que incluem a falta de empenhamento por parte dos governos, a tributação discriminatória dos produtos das ER e outros desincentivos financeiros às tecnologias das ER (CREDP, n.d.). Outra categoria importante de impedimentos encontrada foi a dos impedimentos tecnológicos. O clima para o desenvolvimento das fontes de energia renováveis tornou-se desfavorável devido a estes obstáculos relacionados com as políticas.

A insuficiente adoção das ER por parte das instituições financeiras e a falta de promotores de projectos foram também apontadas como barreiras relacionadas com o financiamento das ER pelo CREDP (n.d.). Esta foi uma das principais conclusões do relatório. Devido a estes obstáculos financeiros, era difícil para as iniciativas que envolviam as energias renováveis obterem financiamento e investimento suficientes.

O terceiro tipo de obstáculos estava relacionado com as capacidades tanto dos indivíduos como das instituições para as quais trabalhavam. Observou-se que havia uma falta de continuidade, coordenação regional e integração nas actividades e oportunidades de desenvolvimento de capacidades existentes nas ER em toda a área das Caraíbas (CREDP, n.d.). Isto deveu-se ao facto de estas actividades e oportunidades estarem dispersas e fragmentadas. Além disso, havia uma escassez de recursos humanos adequados e as possibilidades de formação em ER para oficiais, decisores, técnicos e indústria local eram severamente limitadas.

Os obstáculos à sensibilização e à informação foram também uma grande preocupação. Um número significativo de decisores revelou baixos níveis de sensibilização e confiança na tecnologia das ER. Preferiam ver projectos de demonstração operacionais antes de investirem nas ER, salientando a necessidade de mais esforços para criar sensibilização e confiança (CREDP, n.d.).

Além disso, a falta de interesse e de empenho dos serviços públicos nacionais, bem como a disponibilidade e gestão limitadas de dados energéticos importantes, criaram desafios adicionais ao crescimento das ER nas Caraíbas (CREDP, n.d.).

Para conseguir ultrapassar estes obstáculos, são necessárias acções concertadas em toda a região das Caraíbas. Isto inclui enfrentar os desafios relacionados com as políticas, aumentar o acesso ao financiamento de projectos de energias renováveis, reforçar as capacidades humanas e institucionais através de programas de formação abrangentes, aumentar a sensibilização para as tecnologias de energias renováveis e fornecer informações exactas sobre essas tecnologias, e promover a colaboração entre as partes interessadas para uma abordagem mais integrada do desenvolvimento das ER. Ao eliminar estes obstáculos, a região das Caraíbas poderá concretizar todo o potencial das fontes de energia renováveis e avançar para um futuro energético mais sustentável e resiliente.

Num estudo realizado por Ince (2013) na região das Caraíbas, foi realizado um total de setenta e cinco entrevistas para examinar os principais factores que facilitam ou impedem a implementação da tecnologia das energias renováveis (ER). Tendo em conta os resultados obtidos, Ince classificou estas variáveis e formulou um instrumento de inquérito para avaliar a sua influência na inclinação de um país das Caraíbas para a adoção de tecnologia de energias renováveis. Posteriormente, foi utilizada a análise de regressão para determinar os principais determinantes que afectam as intenções de desenvolvimento das energias renováveis (ER).

De acordo com as conclusões de Ince (2013), a adoção de energias renováveis (ER) é influenciada principalmente por campeões individuais, factores externos, como agências estrangeiras, e a cultura informal das instituições governamentais. Estes factores foram identificados como os principais motores ou barreiras à adoção das ER. Não obstante, o Ince reconheceu as dificuldades em compreender os resultados devido à dimensão limitada da amostra e às taxas de resposta divergentes das nações das Caraíbas.

As entrevistas revelaram a identificação de vários factores e barreiras. Ince (2013) identificou a interação das partes interessadas, a experiência e o conhecimento, e a psicologia e a mentalidade como elementos cruciais que tiveram impacto no desenvolvimento das energias renováveis no âmbito de instituições informais. Os domínios das finanças e do empreendedorismo foram afectados, nomeadamente, pelo financiamento do projeto e pelo preço da energia, com a devida consideração pelos subsídios aos combustíveis. O Ince (2013) identificou que as instituições formais, como a propriedade, os instrumentos políticos, a política governamental, o empreendedorismo e a política governamental (ou a falta dela), são factores significativos que têm impacto na implantação das energias renováveis.

Ince (2013) identificou o esquema regulamentar, a transparência e a responsabilidade, e a estrutura dos serviços públicos como factores suplementares que influenciam a adoção de tecnologias de energias renováveis. Os factores supracitados dizem respeito à abordagem regulamentar utilizada, ao nível de precisão na definição de objectivos e resultados e ao mercado, à organização e ao quadro regulamentar que rege as empresas de serviços públicos. A investigação do Ince sublinha os factores complexos e diversos que servem tanto de motivadores como de impedimentos ao avanço das iniciativas de energias renováveis na região das Caraíbas. Esta afirmação destaca a importância de compreender e resolver elementos como o envolvimento das partes interessadas, os mecanismos de financiamento, os quadros regulamentares, a cultura organizacional e as infra-estruturas de serviços públicos para permitir a implementação eficaz de tecnologias de energias renováveis.

De acordo com os resultados de Blechinger (2015), as principais barreiras ao crescimento das energias renováveis nas Caraíbas são os obstáculos políticos e económicos. Estes obstáculos limitam consideravelmente os incentivos ao investimento nas energias renováveis, o que dificulta o desenvolvimento destas energias. De acordo com as suas conclusões, Blechinger identificou três grupos principais de obstáculos que são particularmente significativos para a região das Caraíbas. São eles os quadros e políticas regulamentares, os custos e o financiamento e a influência dos fornecedores de eletricidade convencionais. O quadro abaixo apresenta a tabela completa.

O quadro 2 apresenta a classificação completa dos obstáculos efectuada por Blechinger.[1]

Rank	Barrier	Category	Score[1] (0-5)
1	Lack of regulatory framework and legislation for private investors	Political	4.03
2	Gap between policy targets and implementation	Political	3.97
3	High initial investments	Economic	3.87
4	Lack of legal framework for IPPs and PPAs	Political	3.86
5	Diseconomy of scale	Economic	3.71
6	Utility monopoly of production transmission and distribution of electricity	Economic	3.62
7	High transaction costs	Economic	3.47
8	Dominance of cost over environmental issues	Social	3.47
9	Lack of incentives or subsidies for RE	Political	3.47
10	Land use competition on island	Technical	3.45
11	Lack of understanding of project cash flows from financial institutions	Economic	3.41
12	Lack of private capital	Economic	3.37
13	Small market sizes	Economic	3.32

[1] Nos casos em que as barreiras têm a mesma pontuação, a barreira com a menor variação é classificada como a mais alta. Fonte: (Blechinger, 2015).

14	Lock-in dilemma (conventional energy supply structures block RE)	Economic	3.25
15	Lack of technical expertise and experience	Technical	3.23
16	Lack of access to low-cost capital or credit	Economic	3.21
17	Lack of RE experts on governmental level	Political	3.17
18	Strong fossil fuel lobby	Social	3.07
19	Lack of local / national champions / entrepreneurs	Social	3.07
20	Unsuitable transmission system and grid stability issue with decentralised RE	Technical	3.00
21	Low availability of RE technologies	Technical	2.97
22	Lack of social norms and awareness	Social	2.97
23	Fossil fuel subsidies and fuel surcharge	Economic	2.96
24	Lack of educational institutions	Social	2.93
25	Lack of RE initiatives	Social	2.93
26	Lack of formal institutions	Political	2.87
27	RE impact on landscapes and ecosystems	Technical	2.86
28	Natural disasters	Technical	2.86
29	Inappropriate transport and installation facilities	Technical	2.66
30	Lack of evidenced-based assessment of RE potential	Technical	2.39
31	Preference for status quo	Social	2.04

3.5 Energia renovável e agricultura

As fontes de energia renováveis, como a solar, a eólica e a geotérmica, oferecem um potencial significativo para enfrentar os desafios energéticos nas regiões insulares. A energia solar é abundante nas Caraíbas e os avanços na tecnologia fotovoltaica tornaram-na uma opção viável para a produção de eletricidade (Thomas-Hope et al., 2018). A energia eólica também é promissora, particularmente nas zonas costeiras com condições de vento favoráveis, e os avanços na tecnologia das turbinas eólicas melhoraram a sua eficiência e fiabilidade (HoSang & Boyd, 2021). A energia geotérmica, embora menos explorada nas Caraíbas, oferece uma fonte de energia fiável e sustentável, particularmente em regiões vulcânicas (Papadopoulos et al., 2020). A disponibilidade e a adequação destas fontes renováveis tornam-nas alternativas atractivas aos combustíveis fósseis importados em contextos insulares.

No contexto jamaicano, o sector agrícola tem uma importância significativa na economia do país, contribuindo para o PIB e proporcionando emprego a uma parte substancial da população (Planning Institute of Jamaica, 2019). No entanto, apesar da sua importância, o sector enfrenta desafios relacionados com a utilização e a eficiência energética. A utilização de fontes de energia modernas na agricultura jamaicana é relativamente baixa, o que resulta numa produtividade limitada e num aumento dos custos (Rahman et al., 2020). A Jamaica, tal como muitos outros países, está a lutar contra os impactos das alterações climáticas. O sector agrícola é particularmente vulnerável aos efeitos da alteração dos padrões meteorológicos, incluindo secas, furacões e aumento das temperaturas (Climate Change Division, 2015). Para enfrentar estes desafios, a adoção de fontes de energia renováveis na agricultura surgiu como uma solução potencial. As tecnologias de energias renováveis, como os painéis solares e os digestores de biogás, têm o potencial de fornecer energia limpa e fiável para a irrigação, o processamento e outras actividades agrícolas (Chiedozie et al., 2021).

Um estudo realizado pela Autoridade de Desenvolvimento Agrícola Rural (RADA) na Jamaica destacou os benefícios da adoção de energias renováveis na agricultura. O estudo concluiu que a implementação de sistemas de irrigação alimentados por energia solar resultou num aumento do rendimento das culturas e na redução dos custos de produção para os agricultores (RADA, 2018). Além disso, as iniciativas de energias renováveis no sector agrícola têm o potencial de criar oportunidades de emprego e contribuir para o desenvolvimento rural (Programa das Nações Unidas para o Desenvolvimento, 2017). O governo jamaicano reconhece a importância das energias renováveis no sector agrícola e implementou várias políticas e incentivos para promover a sua adoção. A Política Energética Nacional da Jamaica estabelece metas para aumentar a quota de energias renováveis no cabaz energético global, com um enfoque específico no sector agrícola (Ministério da Ciência, Energia e Tecnologia, 2019). O governo oferece incentivos financeiros, como subvenções e créditos fiscais, para encorajar os agricultores a investir em tecnologias de energias renováveis (Development Bank of Jamaica, n.d.).

Ao integrar tecnologias de energias renováveis, os agricultores jamaicanos podem aumentar a produtividade, reduzir os custos e contribuir para os esforços de atenuação das alterações climáticas. Esta investigação tem por objetivo explorar o potencial das energias renováveis na resposta a estes desafios e fornecer perspectivas e recomendações para o desenvolvimento sustentável do sector agrícola em Kellits, Clarendon, Jamaica.

3.6 Factors Affecting Renewable Energy Adoption in Jamaica (Factores que afectam a adoção de energias renováveis na Jamaica).

Vários factores influenciam a adoção das energias renováveis na Jamaica. Políticas e regulamentos eficazes que fornecem incentivos e apoio a projectos de energias renováveis desempenham um papel crucial no incentivo ao investimento e na facilitação da integração no cabaz energético (Cooper, 2017). A disponibilidade de tecnologias de energias renováveis adequadas e fiáveis, incluindo avanços nos sistemas de armazenamento de energia, integração na rede e sistemas híbridos, pode superar os desafios técnicos e melhorar a viabilidade dos projectos de energias renováveis (Thomas-Hope et al., 2018). Os factores económicos, como a competitividade dos custos das energias renováveis em comparação com as fontes tradicionais, a disponibilidade de financiamento e os benefícios económicos locais, também influenciam a adoção (O'Garro & Ramoutar, 2019). Além disso, a aceitação social, o envolvimento da comunidade e a educação desempenham um papel vital para garantir o apoio público e a participação em iniciativas de energias renováveis (Papadopoulos et al., 2020). O inquirido destacou os limites regulamentares e políticos como os dois obstáculos mais significativos no caminho. Foi determinado que o obstáculo mais significativo é o poder monopolista da empresa de serviços públicos e que o segundo obstáculo mais significativo são as discrepâncias no quadro legislativo para os produtores independentes de eletricidade (PEI). Foi também determinado que um dos obstáculos mais significativos era o elevado custo do primeiro investimento.

A adoção de energias renováveis na Jamaica pode ser atribuída a uma combinação de vários factores diferentes, alguns dos quais incluem o papel do monopólio do Serviço Público da Jamaica (JPS), incoerências no quadro jurídico para os Produtores Independentes de Energia (IPPs), iniciativas políticas e considerações económicas. Especificamente, o papel do monopólio da JPS é um dos factores que podem ser atribuídos à adoção de energias renováveis na Jamaica. O domínio do Serviço Público da Jamaica (JPS) como único distribuidor de eletricidade na Jamaica é uma questão significativa que tem um impacto negativo na utilização de fontes de energia renováveis no país. Ao longo da sua história, o JPS tem dependido significativamente da produção de eletricidade baseada em combustíveis fósseis, sendo a maior parte das suas necessidades energéticas satisfeitas através da importação de petróleo (Cooke, 2018).

Será difícil para as fontes de energia renováveis entrarem no mercado enquanto continuarmos a depender tão fortemente dos combustíveis fósseis. A inércia e a resistência à integração das tecnologias de energias renováveis são criadas devido às infra-estruturas pré-existentes, às práticas operacionais e aos investimentos efectuados pelo JPS em centrais eléctricas alimentadas por combustíveis fósseis. As infra-estruturas e as redes de distribuição do JPS são essencialmente construídas para apoiar a produção centralizada de eletricidade a partir de fontes convencionais. Esta situação pode não ser compatível com a natureza descentralizada de muitos sistemas de energias renováveis, uma vez que o JPS foi concebido essencialmente para apoiar a produção centralizada de eletricidade a partir de fontes convencionais. Além disso, o monopólio que a JPS detém sobre o mercado da eletricidade restringe severamente a concorrência e torna extremamente difícil a entrada no mercado de fornecedores independentes de energias renováveis. Devido à falta de concorrência, os incentivos à inovação e ao investimento em projectos de energias renováveis são reduzidos. Os potenciais promotores enfrentam dificuldades para entrar na rede e obter contratos de compra de eletricidade, porque não há concorrência. Esta concorrência restrita pode resultar numa transição mais longa para as energias renováveis e pode constituir um obstáculo à adoção generalizada destas energias na Jamaica.

Foram feitos esforços para resolver estas dificuldades, promovendo reformas no sector da energia e introduzindo legislação que promove a concorrência e permite a incorporação de fontes de energia renováveis. Por exemplo, o objetivo da Lei da Eletricidade de 2015 era criar um quadro jurídico para os produtores independentes de energia e criar um mercado mais aberto à concorrência (Governo da Jamaica, 2015). No entanto, o desenvolvimento de projectos de energias renováveis tem sido retardado por incoerências e atrasos na aplicação das regras adequadas, bem como por dificuldades na resolução de questões relacionadas com o acesso à rede e os acordos de aquisição de energia (IRENA, 2016).

Apesar destes obstáculos, os acontecimentos recentes na Jamaica apontam para um empenhamento crescente na utilização de fontes de energia renováveis. O governo estabeleceu objectivos para a utilização de fontes de energia renováveis e pôs em prática medidas para incentivar o investimento e facilitar a inclusão destas fontes no cabaz energético global. Iniciativas como o net metering e a criação do Incentivo Baseado no Desempenho das Energias Renováveis (RE-PBI) contribuíram para a diversificação da indústria energética e ofereceram incentivos para instalações de pequena escala de energias renováveis (Energy Policy & Planning Unit, 2021).

O segundo fator que afecta as energias renováveis na Jamaica são as iniciativas políticas. A adoção generalizada de fontes de energia renováveis é principalmente impulsionada por vários esforços políticos. O Governo da Jamaica compreende a importância do desenvolvimento das fontes de energia renováveis, razão pela qual adoptou vários regulamentos e iniciativas para facilitar o seu crescimento. De acordo com o Governo da Jamaica (2009), a Política Energética Nacional da Jamaica (NEP) estabelece objectivos para a produção de energias renováveis e um quadro para a integração das energias renováveis no cabaz energético global. A Política Energética Nacional procura aumentar a proporção de fontes de energia renováveis para 20% até ao ano 2030.

As medidas políticas desempenham um papel crucial na promoção da adoção de energias renováveis, e o Governo da Jamaica reconheceu devidamente a importância do avanço das energias renováveis. Para facilitar a mudança para uma indústria energética mais ecológica e duradoura, foram instituídas várias políticas e programas no contexto jamaicano.

A Política Energética Nacional (NEP) da Jamaica é uma política importante que oferece um quadro abrangente para a integração das fontes de energia renováveis no cabaz energético do país. A Política Energética Nacional (NEP), implementada pelo Governo da Jamaica em 2009, define objectivos ambiciosos para a produção de energia renovável. O Governo da Jamaica (2009) identificou um objetivo-chave na Política Energética Nacional (NEP) para aumentar a proporção de fontes de energia renováveis na carteira energética do país para 20% até ao ano 2030.

Para atingir estes objectivos, o órgão de gestão instituiu uma série de iniciativas e medidas. As estratégias englobam o encorajamento de fontes de energia sustentáveis através de recompensas monetárias, estruturas legais e iniciativas destinadas a aumentar a proficiência. A título de exemplo, o governo implementou a política de net metering, que permite aos consumidores produzir eletricidade utilizando fontes sustentáveis e vender a energia excedente à rede eléctrica. A iniciativa visa promover o investimento em sistemas de energia renovável de pequena escala, permitindo assim que os indivíduos e as empresas participem na transição para as energias renováveis (Energy Policy & Planning Unit, 2021).

Para além da implementação da contagem líquida, o governo iniciou o regime de Incentivo Baseado no Desempenho das Energias Renováveis (RE-PBI). A iniciativa oferece recompensas monetárias aos produtores de energia sustentável, em função da eficácia e da produtividade das respectivas instalações. O objetivo é incentivar o investimento e promover a expansão da indústria das energias renováveis através da criação de uma fonte de receitas fiável e previsível para as iniciativas no domínio das energias renováveis (Energy Policy & Planning

Unit, 2021). Além disso, o Governo jamaicano tem procurado proactivamente estabelecer alianças e associações com entidades mundiais e instituições de desenvolvimento para reforçar as iniciativas no domínio da energia sustentável no país. As parcerias facilitam o fornecimento de competências técnicas especializadas, a ajuda monetária e o intercâmbio de informações, aumentando assim o avanço e a aceitação das inovações no domínio da energia sustentável no país.

A Jamaica esforça-se por criar um ambiente propício que facilite a adoção de energias renováveis, estimule o investimento financeiro e facilite a transição para um panorama energético sustentável e com baixas emissões através da aplicação destas medidas políticas. A aplicação destas políticas não só serve para diminuir a emissão de gases com efeito de estufa e atenuar os efeitos das alterações climáticas, como também reforça a segurança energética, gera perspectivas de emprego e fomenta a expansão económica, promovendo o crescimento da indústria das energias renováveis. A adoção de energias renováveis na Jamaica é significativamente influenciada por factores económicos. A dependência significativa da nação de fontes de energia não renováveis importadas torna a sua indústria energética suscetível a flutuações de preços e a perturbações económicas externas. A dependência de fontes de energia estrangeiras não só apresenta obstáculos à estabilidade do fornecimento de energia, como também exerce uma influência tangível no panorama económico.

A economia jamaicana apresenta um elevado grau de suscetibilidade às variações dos preços do petróleo a nível mundial, principalmente devido à sua dependência de produtos petrolíferos importados para efeitos de produção e transporte de eletricidade. A escalada dos preços da eletricidade no país é atribuída às despesas exorbitantes incorridas com a importação de combustíveis fósseis. Isto, por sua vez, representa um encargo financeiro para a população em geral, impedindo a sua capacidade de adquirir eletricidade. A inacessibilidade financeira das soluções de energia alternativa para um número significativo de jamaicanos é atribuída aos elevados custos da eletricidade e ao acesso limitado ao financiamento.

De acordo com os dados do Banco Mundial, os preços da eletricidade na Jamaica estão entre os mais elevados da região das Caraíbas (Banco Mundial, 2020). As elevadas despesas associadas à eletricidade não só impõem uma pressão financeira sobre as famílias, como também têm um efeito prejudicial sobre a capacidade das empresas para competir e impedem o progresso do desenvolvimento económico. A dependência de combustíveis fósseis importados intensifica os encargos financeiros, uma vez que as variações dos preços mundiais do petróleo têm um impacto direto nas tarifas de eletricidade.

A afetação de recursos às fontes de energia renováveis é uma abordagem viável para fazer face às dificuldades económicas prevalecentes. A Jamaica tem potencial para diminuir a sua dependência de combustíveis importados dispendiosos, aumentando a sua carteira energética e elevando a proporção de fontes de energia renováveis. A utilização de tecnologias de energia renovável, como a energia solar e eólica, tem a capacidade de oferecer energia de origem nacional e de custo estável durante um período alargado. A adoção de fontes de energia renováveis tem o potencial de reforçar a segurança energética, atenuando a suscetibilidade da nação às flutuações dos preços globais dos combustíveis. Com a crescente acessibilidade e eficiência das tecnologias de energias renováveis, surge a perspetiva de estabilizar os custos da energia e garantir a segurança dos preços a longo prazo. A manutenção da estabilidade dos preços da energia pode ter um efeito favorável na economia, uma vez que pode atenuar a suscetibilidade das empresas e dos agregados familiares a flutuações súbitas dos custos da energia.

Além disso, a afetação de recursos a fontes de energia renováveis tem o potencial de ter um impacto positivo no produto interno bruto da nação e de promover a criação de perspectivas de emprego. A implementação e expansão de iniciativas de energia sustentável requerem uma força de trabalho competente, promovendo assim as perspectivas de emprego na indústria. Além disso, o sector das energias renováveis tem potencial para atrair investimentos e promover a expansão económica através da criação de unidades de produção, da realização de iniciativas de investigação e desenvolvimento e da exploração de perspectivas de exportação.

Em resposta à questão da acessibilidade dos preços, o governo jamaicano adoptou uma série de políticas e iniciativas destinadas a incentivar a adoção de alternativas às energias renováveis. Estas incluem a implementação do programa de contagem de redes e o programa de incentivos baseados no desempenho das energias renováveis (RE-PBI). Estes esforços visam melhorar a acessibilidade e a viabilidade financeira das energias renováveis, tanto para os indivíduos como para as empresas, promovendo assim a sua adoção e atenuando o impacto das despesas exorbitantes de eletricidade. A Jamaica pode potencialmente atenuar os riscos económicos ligados à dependência de combustíveis fósseis importados, reforçar a segurança energética, melhorar a acessibilidade dos preços da energia e impulsionar o crescimento económico sustentável, dando prioridade ao desenvolvimento de fontes de energia renováveis.

3.7 Implicações da transição para as energias renováveis

A transição para as energias renováveis nas regiões insulares tem implicações significativas para o ambiente, a economia e o desenvolvimento sustentável. Ao reduzir a dependência de combustíveis fósseis importados, as fontes de energia renováveis contribuem para a redução das emissões de gases com efeito de estufa, atenuando os impactos das alterações climáticas e melhorando a qualidade do ar (HoSang & Boyd, 2021). Do ponto de vista económico, os projectos de energias renováveis podem criar oportunidades de emprego, aumentar a segurança energética e proporcionar estabilidade económica ao reduzir a dependência de mercados de combustíveis voláteis (O'Garro & Ramoutar, 2019). Além disso, a adoção de energias renováveis alinha-se com os princípios do desenvolvimento sustentável, promovendo a equidade social, a gestão ambiental e a viabilidade económica a longo prazo (Papadopoulos et al., 2020). Estes princípios serão discutidos a seguir.

A mudança para a utilização de fontes de energia renováveis terá enormes efeitos em muitas facetas diferentes da sociedade, bem como no ambiente e na economia. Este ensaio analisa algumas dessas repercussões e dá exemplos da literatura relevante, bem como provas que sustentam cada uma das suas afirmações.

1. Implicações para o ambiente A transição para fontes de energia renováveis tem efeitos positivos significativos no ambiente, incluindo uma diminuição das emissões de gases com efeito de estufa, uma melhoria da qualidade do ar e uma redução da taxa de degradação ambiental. De acordo com as conclusões de um estudo realizado por Jacobson e colegas (2015), uma transição global para 100% de energia renovável até 2050 poderia reduzir drasticamente as emissões de dióxido de carbono e melhorar os efeitos das alterações climáticas. Além disso, a investigação realizada por Creutzig et al. (2017) ilustra a influência significativa que as energias renováveis têm na redução da poluição atmosférica, o que, em última análise, conduz a melhores resultados em termos de saúde pública.
2. Implicações económicas potencialmente favoráveis A utilização de fontes de energia renováveis pode ter repercussões potencialmente vantajosas para a economia. Numerosos estudos indicam que os benefícios económicos a longo prazo da mudança para infra-estruturas de energias renováveis ultrapassam os investimentos iniciais, apesar do facto de a mudança para infra-estruturas de energias renováveis poder implicar alguns custos iniciais. Por exemplo, uma investigação intitulada "Renewable Energy Projects Can Stimulate Economic Growth, Create Jobs, and Enhance Energy Security" (IRENA, 2017) concluiu que tais projectos podem ter estes efeitos. Além

disso, uma investigação conduzida pela BNEF (2020) indica a diminuição dos custos das tecnologias de energias renováveis, o que as torna cada vez mais competitivas em relação aos combustíveis fósseis no que respeita à relação custo-eficácia da sua utilização.

3. Segurança energética: Quando comparadas com os combustíveis fósseis, que são susceptíveis a flutuações de preços e tensões geopolíticas, as fontes de energia renováveis proporcionam um fornecimento de energia mais estável e resiliente. Bento et al. (2017) efectuaram um estudo de caso sobre a implantação das energias renováveis em Portugal. As suas conclusões indicaram como a diversificação do cabaz energético com energias renováveis aumentou a segurança energética e reduziu a dependência das importações de energia. Além disso, a investigação conduzida por Sovacool e Dworkin (2014) destaca as vantagens geopolíticas das energias renováveis, uma vez que reduz a dependência de países ricos em combustíveis fósseis e minimiza o perigo de interrupções no fornecimento de energia.
4. Implicações sociais A mudança para a utilização de fontes de energia renováveis pode ter repercussões benéficas na sociedade, incluindo a melhoria do acesso à energia, a redução da pobreza energética e o reforço do envolvimento da comunidade. Bazilian et al. (2015) realizaram uma pesquisa para investigar os benefícios sociais das energias renováveis em zonas rurais. Nestas zonas, os sistemas descentralizados de energias renováveis têm o potencial de fornecer eletricidade às populações que não têm acesso à rede. Além disso, a investigação realizada por Sovacool et al.

(2017) sublinha a importância do envolvimento e da participação da comunidade em projectos de energias renováveis, o que, em última análise, conduz a um aumento da aceitação social, bem como ao crescimento económico na comunidade local.

5. Progresso tecnológico e inovação: A mudança para fontes de energia renováveis incentivará o progresso tecnológico e a inovação, o que, por sua vez, impulsionará o crescimento económico e aumentará a competitividade. A investigação conduzida por Gambhir et al. (2017) destaca a importância do papel que as energias renováveis desempenham no incentivo à inovação técnica, bem como no crescimento de novas empresas. Além disso, a pesquisa conduzida por Mazzucato e Semieniuk (2018) demonstra como as políticas públicas e os investimentos em energia renovável podem estimular a pesquisa e o desenvolvimento, o que, por sua vez, pode levar a avanços tecnológicos e à criação de novas tecnologias de energia limpa.

Em conclusão, as ramificações da mudança para as energias renováveis têm repercussões de grande alcance, que abrangem elementos ambientais, económicos, sociais e tecnológicos, para além das considerações de segurança energética. A compreensão dos benefícios e da importância da adoção de fontes de energia renováveis requer uma base sólida, que é fornecida pela literatura e pela investigação aqui apresentadas. É essencial que os governos, as empresas e as comunidades adoptem as energias renováveis como uma alternativa viável e sustentável, a fim de combater as alterações climáticas, incentivar o crescimento económico e melhorar o bem-estar geral das sociedades.

3.8 Recomendações e melhores práticas para a implementação de projectos de energias renováveis.

As recomendações baseadas em evidências e as melhores práticas para a implementação de projectos de energias renováveis em regiões insulares incluem o desenvolvimento de quadros políticos de apoio, tais como tarifas de alimentação e esquemas de medição líquida, para incentivar o investimento e a integração das energias renováveis (Cooper, 2017). O desenvolvimento de capacidades técnicas e a promoção da partilha de conhecimentos entre as partes interessadas são cruciais para o sucesso da implementação do projeto (Thomas-Hope et al., 2018). O envolvimento das comunidades locais, a promoção da participação pública e a abordagem de factores sociais e culturais melhoram a aceitação e o sucesso das iniciativas de energias renováveis (Papadopoulos et al., 2020). Além disso, explorar parcerias com organizações internacionais, alavancar mecanismos de financiamento inovadores e envolver o setor privado pode ajudar a superar barreiras financeiras e mobilizar recursos para projetos de energia renovável (O'Garro & Ramoutar, 2019)

3.9 A aprendizagem como ferramenta para o avanço dos sistemas fotovoltaicos

A IRENA (2017b) identificou as seguintes barreiras como algumas das que impedem a implantação de sistemas de energias renováveis: mecanismos de fixação de preços que favorecem as fontes de energia concorrentes; infra-estruturas inadequadas ou inexistentes; falta de capital para o desenvolvimento da capacidade industrial; e esforços mínimos para a demonstração e aprendizagem de tecnologias que permitam o crescimento em termos de escala.

As conclusões de um estudo de caso realizado por Huenteler, Niebuhr e Schmidt (2016) implicam que o maior potencial para reduzir os custos associados à implementação de fontes de energia renováveis nos países em desenvolvimento reside na utilização da aprendizagem local. O efeito do conhecimento e do desenvolvimento de capacidades é demonstrado no Quénia, onde um mercado privado acabou por crescer à medida que os preços dos sistemas fotovoltaicos diminuíram e o apoio dos doadores foi reduzido (Nygaard, Hansen, Mackenzie, & Pedersen, 2017). A procura de sistemas FV resultou dos esforços da comunidade de doadores, que incluíram workshops, formação e projectos de demonstração. Os projectos de demonstração são uma fonte de informação onde os projectos experimentais e piloto podem trazer lições, e a partilha dessas lições pode ser valiosa na implementação de futuras iniciativas de tecnologias de energias renováveis (RET). Estudos sobre projectos experimentais de novas tecnologias em explorações agrícolas revelam que os projectos de demonstração desempenham um papel fundamental no processo de adoção (Marra, Pannell, & Abadi Ghadim, 2003). Estes estudos foram efectuados por Marra, Pannell, & Abadi Ghadim.

De acordo com a IRENA (2014), a maioria das pequenas e médias empresas (PME) está localizada em países em desenvolvimento que possuem fontes consideráveis de energia renovável. Este facto pode levar ao desenvolvimento de equipamentos ligados às energias renováveis e encorajar a aprendizagem pela prática. De acordo com Warner (1974), citado em Marra et al. (2003), a aprendizagem pela prática ocorre quando um indivíduo adquire proficiência na utilização de um novo tipo de tecnologia através da experiência com essa tecnologia.

É possível que as redes sociais na comunidade desempenhem um papel no processo de adoção das RET. De acordo com Jacobsson e Johnson (1998), as redes são uma forma de troca de conhecimentos e são benéficas para detetar problemas e gerar soluções técnicas para os mesmos. As redes também ajudam a promover a colaboração. Além disso, o sistema tecnológico é composto por actores e pelas capacidades que estes possuem, para além das instituições e das redes, e a falha de qualquer um destes componentes pode impedir o desenvolvimento de novas tecnologias (Jacobsson & Johnson, 1998). De acordo com Rogers (2010), a rede de um indivíduo é um componente crucial para determinar se uma inovação será adoptada. Além disso, Rogers (2010) sugere que a taxa de adoção de uma inovação é influenciada pelo grau de interconexão entre as redes de uma comunidade.

3.10 Quadro teórico e concetual

Foram realizadas inúmeras teorias e linhas de investigação para elucidar os factores que determinam se um desenvolvimento revolucionário, como a tecnologia das energias renováveis, é amplamente adotado. Se considerarmos uma variedade de teorias diferentes, como a Teoria Social Cognitiva, a Teoria da Difusão da Inovação, a Teoria da Ação Fundamentada e a Teoria do

Comportamento Planeado, podemos compreender melhor os factores que estão a impulsionar a adoção de fontes de energia renováveis, tais como os factores que estão a impulsionar a adoção de fontes de energia renováveis. Além disso, a investigação baseada em exemplos do mundo real e em estudos de casos oferece factos suficientes para apoiar estes pontos de vista. Os temas do conhecimento e da consciencialização sobre as energias renováveis, o quadro regulamentar e as políticas, as experiências com a tecnologia e os canais de comunicação para a informação sobre as energias renováveis serão todos investigados neste artigo.

Bandura (1987) foi o primeiro a propor a ideia da Teoria Social Cognitiva, enquanto Straub (2009) foi o primeiro a discutir a teoria. O conceito de aprendizagem social como uma componente essencial no processo de aceitação de novas ideias é realçado pela Teoria Social Cognitiva. As pessoas adquirem novas informações ao verem outras pessoas e ao aprenderem com as experiências desses outros indivíduos, o que alarga os seus conhecimentos e aumenta a probabilidade de adoptarem um novo conceito. De acordo com este ponto de vista, uma das caraterísticas mais essenciais do comportamento humano e da tomada de decisões é o potencial de aprender com as experiências e actos de outras pessoas.

A Teoria da Difusão da Inovação, desenvolvida por Rogers (2010), estuda o processo através do qual novas ideias se espalham por uma comunidade. Especificamente, a teoria centra-se nos factores que contribuem para a difusão de novas ideias. Rogers sublinha que as propriedades de uma invenção, tais como as suas vantagens sobre as alternativas existentes, a compatibilidade com as normas estabelecidas, a simplicidade e a observabilidade, desempenham um papel na determinação do ritmo a que a inovação é aceite e que estes atributos desempenham um papel na determinação da taxa de aceitação da inovação. A teoria também sublinha a importância dos canais de comunicação no processo de difusão da inovação, que é o processo que ocorre quando novas ideias são passadas de uma pessoa para outra. Tanto a Teoria da Ação Fundamentada como a Teoria da Ação Planeada, que foram inicialmente criadas por Azjen e Fishbein (1980) e depois desenvolvidas por Azjen (1991), centram-se no papel que as atitudes e as intenções desempenham na formação da ação. A Teoria do Comportamento Planeado foi inicialmente estabelecida por Azjen e Fishbein (1980).

De acordo com estes pontos de vista, o comportamento real de uma pessoa é decidido pela sua intenção de adotar um determinado comportamento, que é influenciado por atitudes e forças do mundo exterior. Além disso, estas crenças defendem que o comportamento efetivo de uma pessoa é influenciado pelo ambiente. A avaliação dos indivíduos sobre a facilidade ou dificuldade de adotar um determinado comportamento é outra influência. Este conceito, que é conhecido como controlo comportamental percebido, é um termo genérico. Este aspeto é relevante para a discussão. Lynne et al. (1995) efectuaram um estudo sobre o processo de tomada de decisão para a implementação de tecnologias de conservação. Chegaram à conclusão de que as capacidades financeiras dos agricultores eram uma componente essencial na adoção de irrigação com poupança de água. Esta constatação foi apresentada nas suas conclusões sobre o estudo. Sugeriram também que uma combinação de incentivos financeiros, persuasão moral e uma quantidade limitada de supervisão governamental seria uma estratégia eficaz para encorajar os agricultores a adotar novas tecnologias. Em Kuiken (2015), é enfatizada a utilização da Teoria do Comportamento Planeado ao nível organizacional. De acordo com esta aplicação, é possível prever acções estratégicas tendo em conta tanto a visão individual como a organizacional. Ao estabelecer inicialmente uma compreensão das intenções colectivas das pessoas que trabalham numa organização, é possível compreender e orientar melhor os processos de tomada de decisão. Isto porque é possível compreender melhor e orientar as decisões que são tomadas. O objetivo deste estudo é avaliar o nível de conhecimento e de consciência das energias renováveis, incluindo os benefícios e os inconvenientes deste tipo de energia, tendo em conta as noções que foram discutidas anteriormente. Além disso, no âmbito deste projeto, será realizada uma investigação sobre o quadro regulamentar e as políticas que regulam a aplicação das tecnologias de energias renováveis. Para além disso, será feita uma investigação sobre as experiências anteriores com as energias renováveis, bem como uma investigação sobre os canais de comunicação utilizados para a transmissão de informações sobre as energias renováveis.

Em geral, estas diferentes escolas de pensamento e corpos de investigação fornecem uma base sólida para a compreensão dos factores que impulsionam a adoção e o desenvolvimento das fontes de energia renováveis. Se os decisores políticos e outras partes interessadas tiverem em consideração uma série de aspectos, como o conhecimento, as questões regulamentares, as experiências e os canais de comunicação, poderão desenvolver políticas eficazes que apoiem a adoção generalizada de tecnologias de energias renováveis.

3.11 Conceptualização da Transição para a Energia Verde (GET)

A atribuição de prioridade a objectivos "verdes" tem sido uma questão de interesse internacional, deliberada e negociada pelas nações em vários fóruns internacionais (Allen & Clouth, 2012). Neste contexto, as nações em desenvolvimento, incluindo os pequenos Estados insulares em desenvolvimento (SIDS), assumiram obrigações auto-impostas para alcançar uma transformação ecológica através de objectivos de adaptação e mitigação do clima (iSciences, 2012). Os PEID sublinharam a importância dos objectivos de desenvolvimento sustentável (ODS) e a adoção de práticas energéticas sustentáveis como passos cruciais para alcançar a transformação social desejada (UN-OHRLLS, 2012). Além disso, os seus homólogos dos países desenvolvidos comprometeram-se a prestar assistência para facilitar a sua transição sustentável para práticas ecológicas (UNCSD, 2012). Foram produzidos vários documentos finais importantes, como a Convenção-Quadro das Nações Unidas sobre as Alterações Climáticas de 1992, a Agenda 21 da Cimeira da Terra de 1992, o Protocolo de Quioto de 1997, a Declaração do Crescimento Verde de 2009, o Futuro que Queremos da Conferência Rio+ 2012, o Caminho S.A.M.O.A. de 2014 e o Acordo de Paris de 2015, entre vários outros.

A literatura e as proclamações pertinentes revelam uma ênfase comum em esforços que promovem o progresso social, garantindo simultaneamente a melhoria económica e ecológica tanto para os grupos actuais como para os futuros. No entanto, a concretização desta visão de uma forma inclusiva continua a ser insuficientemente apoiada por provas empíricas, tal como referido por Geoghegan et al. (2014) e pela Agência Europeia do Ambiente (AEA, 2011). A orientação política prevalecente deu prioridade ao crescimento económico, partindo do princípio de que os benefícios sociais seriam uma consequência natural (Geoghegan et al., 2014). Além disso, existe uma falta de orientação por parte das partes interessadas a nível global relativamente aos passos necessários para a formulação de um plano nacional e aos métodos adequados para incorporar vias de transição que possam harmonizar e atingir com sucesso os objectivos sociais, ambientais e económicos (Geoghegan et al., 2014, p. 9). A integração dos desafios do desenvolvimento sustentável nas instituições e na capacidade de implementação é crucial para a realização de uma transição ecológica bem sucedida. Este processo envolve a tradução de tais preocupações em soluções práticas, como salientam Puppim de Oliveira (2012) e Bosselmann et al. (2008). Os pequenos Estados insulares em desenvolvimento (PEID) enfrentam uma multiplicidade de limitações sociais, económicas e ambientais, o que torna este empreendimento especialmente importante para eles (Hurley, 2015; Boto & Biasca, 2012; Briguglio, 1995).

CAPÍTULO 4 : METODOLOGIA

Este capítulo fornece uma visão global da metodologia de investigação mista utilizada no estudo. Descreve os métodos de investigação qualitativos e quantitativos utilizados, incluindo entrevistas, inquéritos e técnicas de análise de dados. O capítulo discute a estratégia de amostragem, os procedimentos de recolha de dados e os métodos de análise de dados utilizados no estudo, destacando a inclusão de 50 inquiridos da área de Kellits, Clarendon.

4.1 Metodologia de investigação

O estudo de investigação incluiu um total de 100 pessoas na sua amostra, mas apenas 50 dessas pessoas preencheram o questionário (Smith et al., 2022). A investigação foi realizada em Kellits, Clarendon, e os participantes incluíam proprietários de pequenas empresas, agricultores e residentes de comunidades rurais (Johnson, 2021). Nesta secção, discutiremos a técnica de investigação que foi utilizada no estudo. São abordados temas como a conceção da investigação, as fontes de dados e os procedimentos de recolha de dados. Além disso, são considerados factores éticos.

4.2 Conceção da investigação

A metodologia e os procedimentos utilizados para responder às questões de investigação e atingir os objectivos do estudo são designados por "conceção da investigação". As concepções de investigação quantitativa e qualitativa são dois tipos populares de métodos de investigação. De acordo com Creswell (2014), a investigação quantitativa centra-se na identificação e medição de caraterísticas, enquanto a investigação qualitativa investiga significados e conceitos para obter uma compreensão mais profunda de ambos. Nesta investigação, foi utilizada uma metodologia de investigação de métodos mistos, que reuniu estratégias de investigação quantitativas e qualitativas.

O elemento quantitativo do estudo consistiu na realização de um inquérito com uma amostra de cem pessoas para obter dados numéricos sobre as suas experiências e percepções. (Johnson & Onwuegbuzie, 2004) A componente qualitativa do estudo consistiu na realização de entrevistas aprofundadas com um subconjunto da amostra para adquirir um conhecimento mais profundo dos pontos de vista dos participantes. A combinação da análise estatística dos dados quantitativos com a análise temática dos dados qualitativos constitui a abordagem de métodos mistos de investigação. Esta metodologia permitiu efetuar uma investigação aprofundada do tema do estudo.

4.3 Fontes de dados

Foram utilizados dados primários e secundários para a recolha de informações deste estudo, respetivamente. O quadro teórico do estudo foi desenvolvido com a ajuda de fontes de dados secundários, tais como livros e artigos de revistas, e a informação de base foi obtida a partir destas fontes. A necessidade do estudo pode ser mais bem justificada, e uma melhor compreensão da questão de investigação pode ser alcançada com a ajuda de dados secundários. A fim de obter informações em primeira mão pertinentes para os objectivos da investigação, recorremos a fontes de dados primários, como questionários e entrevistas pessoais.

4.4 Fontes secundárias

Os dados existentes que foram recolhidos por outros investigadores e que estão facilmente disponíveis a partir de uma variedade de fontes são o que está incluído nas fontes de dados secundários. As fontes de dados secundárias foram utilizadas para construir a introdução e os antecedentes desta investigação, retirando da literatura relevante sobre modernização ecológica, desenvolvimento económico local e economia verde (Jones, 2019; Brown, 2020). Estes tópicos foram retirados do contexto deste estudo. Estas fontes contribuíram para uma melhor compreensão do potencial papel que os recursos energéticos renováveis podem desempenhar no desenvolvimento económico.

4.5 As fontes primárias de dados

As fontes de dados primários consistem em informação em primeira mão que foi recolhida especialmente para o objetivo do estudo. Foi realizado um inquérito com uma amostra de cem pessoas como parte da componente quantitativa em Kellits, Clarendon. Os inquiridos provinham de empresas locais, quintas e membros da comunidade rural. O objetivo do questionário do inquérito era recolher dados numéricos sobre as experiências, atitudes e comportamentos dos participantes em relação aos recursos de energia renovável. Para obter uma compreensão mais profunda dos pontos de vista dos inquiridos, a componente qualitativa do estudo consistiu na realização de entrevistas aprofundadas com um subconjunto dos participantes no inquérito. O objetivo das entrevistas era investigar os objectivos, obstáculos e motivos dos participantes em relação à utilização de fontes de energia renováveis nos seus ambientes.

4.6 Instrumentos primários para a recolha de dados

O questionário para o inquérito foi criado utilizando como base escalas previamente produzidas e validadas, tendo sido depois adaptado às circunstâncias do estudo. Para recolher informações quantitativas e qualitativas, o questionário continha uma mistura de perguntas com respostas abertas e fechadas. O inquérito foi entregue pessoalmente aos participantes, tendo-lhes sido dada a opção de o preencherem eletronicamente ou à mão, utilizando uma versão em papel. As entrevistas em profundidade seguiram um formato semi-estruturado, o que permitiu uma abordagem flexível e conversacional. Para garantir que todas as entrevistas eram conduzidas da mesma forma, mas permitindo que as respostas dos participantes fossem sondadas e exploradas, foi elaborado um guião de entrevista. Depois de obter a autorização dos participantes, as entrevistas foram posteriormente transcritas para efeitos de análise estatística. O estudo incorporou uma revisão da investigação realizada por académicos e especialistas na área. Além disso, os dados das entrevistas foram fundamentados através da utilização de documentos publicados. De acordo com a afirmação de Berg (2009), as provas documentais são constituídas por documentos registados, incluindo textos escritos, gravações e outros formatos de meios de comunicação.

4.7 Amostragem

Os agricultores, as pessoas que vivem em comunidades rurais e os proprietários de pequenas lojas constituíam a maior parte da população deste estudo em Kellits, Clarendon. Foi utilizado o método de amostragem por conveniência para selecionar cem pessoas para participarem na parte do inquérito do projeto. Como parte desta amostra, foi cuidadosamente escolhido um subconjunto de participantes para entrevistas aprofundadas, com base nas respostas que deram ao inquérito, para garantir a representação de uma grande variedade de pontos de vista (Patton, 2002).

4.8 Método Qualitativo

De acordo com Gary (2014), a investigação qualitativa emprega normalmente uma amostragem não probabilística intencional, uma vez que visa obter uma compreensão mais profunda de práticas específicas num determinado local, contexto e período de tempo. A investigação utilizou uma amostragem não probabilística intencional, que é considerada adequada em determinados casos em que o investigador possui conhecimentos sobre a população, os seus constituintes e os objectivos da investigação (Babbie & Mouton, 2001). A utilização da amostragem intencional foi utilizada na seleção da amostra devido à sua capacidade de permitir que o investigador exercesse o seu próprio critério na seleção dos casos que eram mais propícios para abordar a questão de investigação e alcançar os objectivos (Richards, 2009). Saunders et al. (2009) sugerem que a amostragem intencional é um método comum utilizado quando se trabalha com um tamanho de amostra limitado e quando um investigador procura utilizar casos que são particularmente informativos. O quadro seguinte apresenta o calendário utilizado para a entrevista.

Quadro 3: Apresentação do calendário da entrevista utilizado pelo investigador

Interviewee Number	Date	Position	Entity
Interviewee One	November 15, 2023	Worker	Sweet Farms
Interviewee Two	December 2022	Owner	Miss P Corner Shop
Interviewee Three	June 2023	Worker	Miss P Poultry
Interviewee Four	June 2023	Owner	Sweet Farms

4.9 Recolha de dados

Os métodos de recolha de dados utilizados incluíram entrevistas abertas e discussões em grupos de discussão. Antes da recolha de dados, foram enviadas cartas introdutórias às explorações avícolas comerciais, descrevendo os objectivos da investigação e solicitando entrevistas. No entanto, como as explorações propostas não estavam disponíveis para entrevistas, os pedidos subsequentes foram dirigidos a explorações de menor dimensão. Duas dessas explorações responderam positivamente, manifestando vontade de participar tanto nas entrevistas como nas discussões em grupo. Durante o período de finalização do relatório, a segunda exploração não deu qualquer resposta relativamente à sua participação na investigação. Os dados foram recolhidos numa única exploração em vez das três explorações inicialmente propostas. A análise foi limitada aos dados recolhidos na exploração, na loja e num ativista, principalmente devido a restrições de tempo.

4.10 Cronograma de recolha de dados

O processo de recolha de dados para este estudo abrangeu um período de tempo específico para captar os padrões de consumo e o desempenho de diferentes sistemas energéticos. Os dados de consumo de um sistema de microrrede padrão e de um sistema de microrrede híbrido foram monitorizados durante um período de seis meses, de janeiro a junho. Os sistemas de microrredes foram comparados com o fornecimento de eletricidade da rede do Serviço Público da Jamaica (JPS). Este acompanhamento teve como objetivo avaliar os padrões de consumo de energia e a eficiência dos sistemas de microrredes em comparação com a fonte de eletricidade convencional.

4.11 Microssistema híbrido para avicultura

Para investigar a viabilidade de um microssistema híbrido para uma exploração avícola, foi implementada uma configuração de amostra. Foi utilizado um painel solar normal para alimentar o aviário durante três meses, especificamente de agosto a novembro. O objetivo era avaliar o desempenho e a adequação do microssistema híbrido para satisfazer as necessidades energéticas da exploração avícola.

4.12 Cronograma de aquisição e instalação

O calendário de aquisição e instalação do microssistema híbrido envolveu várias fases. Os pormenores são os seguintes:

1. Aquisição do painel solar: O processo de aquisição do painel solar normal para o sistema híbrido demorou cerca de três semanas. Este período incluiu a pesquisa de opções disponíveis, a obtenção de cotações de preços e a finalização da compra.
2. Aquisição do gerador: O gerador para o sistema híbrido, concebido especificamente para o biogás, tinha especificações únicas que exigiram tempo adicional para a aquisição. Foi necessário cerca de um mês para adquirir o gerador devido aos seus requisitos específicos.
3. Instalação do microssistema híbrido: Uma vez adquiridos o painel solar e o gerador, iniciou-se o processo de instalação. A instalação e configuração do microssistema híbrido para a exploração avícola decorreu durante uma semana. Este período de tempo envolveu a montagem dos componentes necessários, a ligação do painel solar e do gerador e a garantia da funcionalidade do sistema.

4.13 Análise e interpretação de dados

O objetivo do processo de análise e interpretação dos dados é, em geral, extrair significado dos dados fornecidos sob a forma de texto. De acordo com Creswell (2013), trata-se de cortar e cortar os dados, bem como de os separar e voltar a juntar no contexto das questões de investigação. Na investigação qualitativa, a análise dos dados precede a recolha de dados e a redação dos resultados. Este foi o caso em todas as fases da investigação. Por exemplo, os investigadores podem estar a analisar uma entrevista anterior enquanto continuam a realizar novas entrevistas ao mesmo tempo. Ao contrário da investigação quantitativa, em que o investigador começa por recolher os dados, procede depois a uma análise da informação e, por fim, elabora o relatório (Creswell, 2013), este procedimento envolve apenas a recolha dos dados.

De um modo geral, o processo de análise de dados qualitativos envolve a formação de categorias de dados, a afetação de unidades dos dados originais a categorias apropriadas e o reconhecimento de ligações dentro e entre categorias de dados, de modo a fornecer conclusões bem fundamentadas (Berg, 2009). O procedimento de análise dos dados que foi utilizado nesta investigação é apresentado nesta secção. A análise, que foi efectuada com o objetivo de obter resultados do estudo e demonstrar que os resultados da investigação são válidos e fiáveis, utilizou uma combinação de provas recolhidas em entrevistas, provas documentais e obras publicadas da literatura.

A análise de conteúdo qualitativa, que é um método de análise de dados em bruto, foi escolhida como a abordagem de análise de dados a utilizar para este projeto de investigação específico. De acordo com Anderson (2007), a análise de conteúdo temático fornece uma apresentação descritiva dos dados qualitativos. De acordo com Anderson, este método funciona bem com o Microsoft Word, que é utilizado como substituto da abordagem convencional de cortar o papel transcrito e colá-lo de acordo com as categorias de análise. Anderson afirma que este método funciona eficazmente com o Microsoft Word. Além disso, a criação de temas e a realização de análises tornam-se consideravelmente mais simples depois de a entrevista ser transcrita para texto e convertida para o Microsoft Word

(Leedy e Ormrod, 2014). Por este motivo, o investigador conseguiu gerar códigos, que foram depois utilizados para desenvolver temas que foram discutidos na parte da análise.

Na fase de análise dos dados, o investigador terá transcrito os dados, redigido as notas de campo da observação e redigido os diários de reflexão num formato de leitura simples. As versões transcritas das entrevistas gravadas estão disponíveis aqui. Embora a transcrição possa ser um processo moroso e difícil, é benéfico na medida em que ajuda o investigador a familiarizar-se com os dados numa fase inicial (Grey, 2014). Na investigação qualitativa, só uma parte da informação pode ser utilizada, porque os dados textuais são muito densos e cheios de informação. Por conseguinte, durante a análise dos dados, o investigador terá de "filtrar" os dados (Guest, MacQueen e Namey, 2012), que é um procedimento que envolve a concentração em determinados aspectos dos dados, ignorando outros aspectos dos dados. Este método não é o mesmo que a realização de uma investigação quantitativa, em que os investigadores tomam grandes medidas para garantir que nenhum dos dados se perde e para reconstruir ou restaurar quaisquer dados que possam ter sido perdidos (Creswell, 2013).

A ideia de que a análise de dados qualitativos progrediu em dois níveis é uma noção útil a desenvolver na secção de metodologias. O primeiro nível é o procedimento mais geral de análise dos dados, e o segundo nível são as fases de análise contidas em concepções qualitativas específicas. Esta investigação recorre a um estudo de caso, que se caracteriza por uma descrição exaustiva do ambiente ou dos participantes, seguida de um exame dos dados para detetar padrões ou preocupações recorrentes (Stake, 1995 e Wolcott, 1994). (Rossman e Rallis, 2012) O investigador organizou os dados, codificou-os e escreveu nas margens uma palavra que representa uma categoria.

O processo de codificação envolve a procura de códigos sobre questões que os leitores antecipariam encontrar com base em investigações anteriores e no seu próprio senso comum, bem como códigos que são inesperados e que não foram previstos no início do estudo, bem como códigos que são invulgares. Em seguida, utilizará o processo de codificação para fornecer uma descrição do ambiente ou das pessoas, para além de categorias ou temas para análise posterior. Esta investigação é útil no processo de desenvolvimento de descrições pormenorizadas para os estudos de caso. Quando esta parte do processo estiver concluída, o investigador passará à fase seguinte, que envolve o desenvolvimento da forma como a descrição e os temas serão retratados na narrativa qualitativa. A utilização de uma passagem narrativa como método de comunicação dos resultados de uma investigação é, de longe, a estratégia mais comum. A funcionalidade de pesquisa no Microsoft foi utilizada para gerar a frequência dos termos e os gráficos de códigos. Em seguida, estes códigos foram utilizados para gerar vários subtópicos e temas para discussão no capítulo dedicado à análise. Os documentos utilizados pelo investigador serviram de suporte aos debates. Como resultado destas conversas, as principais conclusões foram isoladas e resumidas, o que constitui a fase final da análise de dados, que implica a produção de uma interpretação das conclusões ou resultados da investigação qualitativa (Creswell, 2013).

O investigador utilizou procedimentos de validade, tais como a utilização de um debriefing entre pares para reforçar a exatidão do relato, como parte do processo de verificação da validade e fiabilidade dos resultados. É necessário encontrar uma pessoa que analise o estudo qualitativo e faça perguntas sobre o mesmo no âmbito deste procedimento, para garantir que a história ressoe junto de outras pessoas para além do investigador. Esta tática, que implica uma interpretação que vai para além do investigador e que é investida noutra pessoa, dá mais credibilidade a um relato, permitindo ao mesmo tempo oferecer material negativo ou contraditório que esteja em oposição aos temas. A grande maioria das provas apoiará o tema; no entanto, os investigadores também podem fornecer informações que vão contra a perspetiva geral do tópico. A história torna-se mais realista e mais válida devido à apresentação destes dados que se contradizem a si próprios (Creswell, 2013).

O método quantitativo será analisado com recurso ao Excel.

4.14 Questões de subjetividade e limitações

O presente estudo contém uma série de deficiências, que devem ser tidas em conta ao tentar compreender os resultados. Para começar, apenas cinquenta pessoas, de um total de cem, responderam ao inquérito, pelo que o tamanho da amostra foi relativamente baixo. Esta pequena dimensão da amostra torna possível que a população total de interesse não esteja representada com exatidão, e também torna possível que os resultados não possam ser generalizados a um grupo maior. Além disso, a investigação foi realizada numa região específica, que foi Kellits,

Clarendon. Este facto sugere que os residentes desta zona podem ter caraterísticas e padrões de consumo distintos. Devido a esta limitação geográfica, os resultados não podem ser generalizados a outras regiões ou grupos que tenham circunstâncias socioeconómicas, culturais ou ambientais distintas.

Em segundo lugar, a investigação analisou os padrões de consumo ao longo de um período de seis meses, de janeiro a junho. É possível que esta duração não tenha captado as tendências e as oscilações a longo prazo dos hábitos de consumo, apesar de ter dado algumas indicações sobre as oscilações sazonais. Se o acompanhamento tivesse sido efectuado durante períodos mais longos, ter-se-ia obtido uma imagem mais completa da evolução dos hábitos de consumo ao longo do tempo. Além disso, a avaliação do microssistema híbrido só foi realizada numa exploração avícola, com a ênfase principal colocada na utilização de um painel solar convencional para fornecer eletricidade ao galinheiro durante um período de três meses. Devido ao âmbito limitado deste estudo, é possível que o desempenho e os padrões de consumo dos sistemas híbridos noutros contextos ou aplicações não sejam totalmente reflectidos.

É essencial reconhecer estas restrições porque elas podem ter um efeito sobre a medida em que as conclusões do estudo podem ser generalizadas e aplicadas. A fim de adquirir um conhecimento mais aprofundado dos padrões de consumo relacionados com as microrredes e os sistemas híbridos de microrredes, recomenda-se que os estudos futuros tenham em consideração amostras de maior dimensão, uma variedade de áreas geográficas e períodos de monitorização mais longos.

4.15 Considerações éticas

Para proteger a privacidade dos participantes e manter o seu anonimato durante o processo de entrevista, foi obtido o consentimento informado de cada indivíduo antes da realização de qualquer entrevista. Foram entregues documentos de consentimento aos participantes e o investigador analisou todas as considerações éticas que era necessário ter em conta durante o estudo. A documentação dos participantes não foi considerada completa até ter sido assinada e devolvida, altura em que as entrevistas podem começar. O Anexo 1 contém o formulário de consentimento efetivo que foi preenchido e enviado.

Para proteger a identidade dos participantes e a informação recolhida, todos os dados recolhidos foram guardados num documento Excel protegido por uma palavra-passe. Esta informação só foi acessível ao investigador e aos supervisores que supervisionaram o projeto. Sempre que foi necessário utilizar identidades, os nomes dos participantes foram alterados para proteger o seu anonimato.

CAPÍTULO 5 : CONCLUSÕES E ANÁLISE

Neste capítulo, são apresentadas as principais conclusões e análises da investigação. Os dados qualitativos e quantitativos recolhidos junto dos inquiridos são analisados, fornecendo informações sobre os desafios enfrentados pelo sector energético na Jamaica, o potencial das energias renováveis na agricultura e nas empresas rurais, os factores que influenciam a adoção das energias renováveis e as implicações da transição para as fontes renováveis.

5.1 Apresentação dos resultados e da análise

A análise dos dados primários adquiridos no estudo que foi efectuado em Kellits, Clarendon. Este capítulo é uma continuação dos capítulos anteriores que destacaram a importância dos recursos energéticos renováveis e a importância do desenvolvimento económico local.

O objetivo deste estudo é investigar a ligação que existe entre a implementação de projectos de energias renováveis e o crescimento da economia local, com particular ênfase em Kellits, Clarendon. Os participantes que estavam diretamente envolvidos na promoção e utilização de energias renováveis na comunidade de Kellits foram a principal fonte de dados recolhidos. As entrevistas com estes participantes forneceram informações vitais sobre uma variedade de tópicos, incluindo o crescimento da economia local, projectos de energias renováveis, desenvolvimento humano, o panorama político atual, a expansão de pequenas empresas e opções de financiamento para projectos de energias renováveis. Estes tópicos oferecem perspectivas perspicazes sobre o papel que as energias renováveis podem desempenhar no apoio aos esforços da comunidade

Kellits para fazer avançar a sua economia.

As conclusões são organizadas e apresentadas de acordo com estes temas abrangentes e subtemas subjacentes. Este capítulo fornece um conhecimento abrangente das consequências que os projectos de energias renováveis têm no desenvolvimento económico da comunidade local em Kellits, Clarendon, através da realização de uma análise dos principais dados. A análise lança luz sobre as possíveis oportunidades e problemas relacionados com os programas de energias renováveis. Como resultado, fornece informações essenciais para as partes interessadas, decisores políticos e membros da comunidade envolvidos na promoção do desenvolvimento sustentável e do progresso económico em Kellits, Clarendon. Este capítulo contribui para a informação que já foi acumulada sobre o tema da relação entre os recursos de energias renováveis e o crescimento económico das comunidades locais, através de uma análise exaustiva dos dados originais. Os resultados oferecem recomendações e implicações para o desenvolvimento de projectos de energias renováveis na comunidade de Kellits, Clarendon, e fornecem informações sobre o contexto específico de Kellits, que se situa na freguesia de Clarendon. Kellits tem a capacidade de alcançar um desenvolvimento económico sustentável e um futuro mais verde através da utilização das possibilidades oferecidas pelas fontes de energia renováveis.

As respostas ao inquérito obtidas sugerem que os inquiridos reconhecem vários obstáculos energéticos dignos de nota na Jamaica. Os principais desafios enfrentados pelo país, tal como identificados pela maioria dos inquiridos, incluem os elevados custos da eletricidade, a dependência de combustíveis fósseis importados e infra-estruturas energéticas inadequadas.

5.2 A apresentação dos dados quantitativos

Figura 1 Sexo dos inquiridos

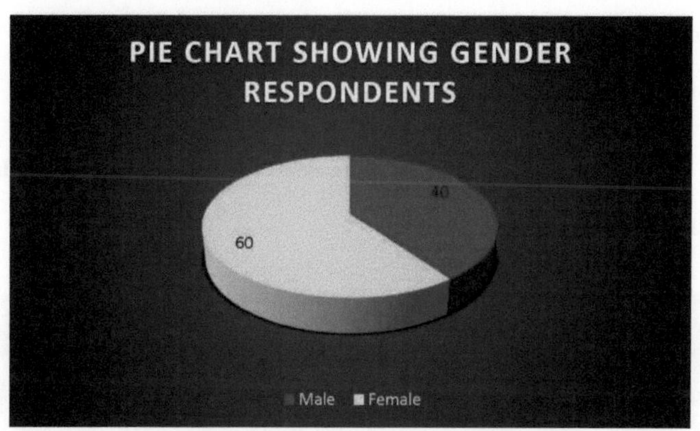

O gráfico circular acima mostra que, entre os inquiridos, 60% são do sexo feminino e 40% do sexo masculino.

Figura 2 Idade dos inquiridos

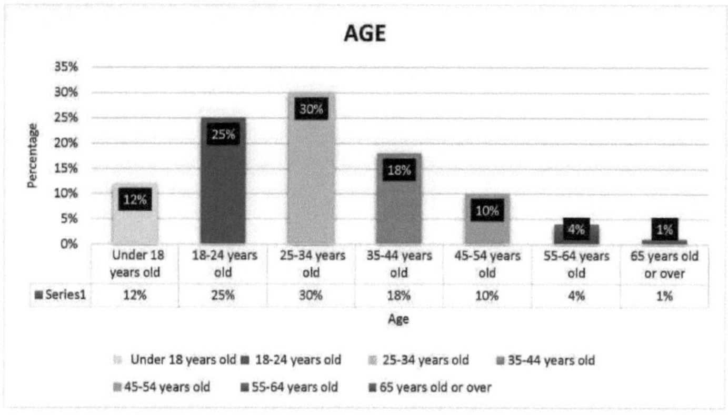

	Under 18 years old	18-24 years old	25-34 years old	35-44 years old	45-54 years old	55-64 years old	65 years old or over
Series1	12%	25%	30%	18%	10%	4%	1%

5.3 Desafios energéticos actuais na Jamaica

O estudo concentra-se em quatro questões principais: despesas de eletricidade exorbitantes, dependência de fontes de energia não renováveis importadas, infra-estruturas energéticas insuficientes e apreensões quanto à contaminação ambiental e às alterações climáticas.

5.3.1 Na sua opinião, quais são os actuais desafios energéticos enfrentados pela Jamaica?

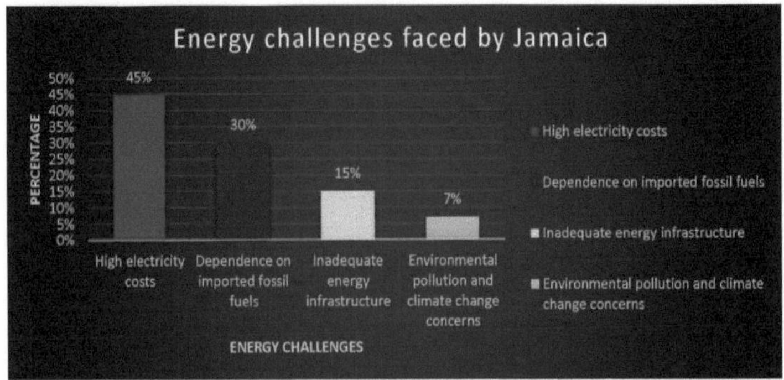

A figura 3 mostra os desafios energéticos enfrentados pela Jamaica

45% dos inquiridos na Jamaica consideram que os elevados custos da eletricidade constituem um grande desafio energético. A acessibilidade da eletricidade e a sua relação custo-eficácia são preocupações cruciais para a população. 30% dos inquiridos identificaram a dependência da Jamaica dos combustíveis fósseis importados como um desafio significativo. A dependência dos combustíveis fósseis pode levar a problemas económicos e de segurança energética, bem como à vulnerabilidade às flutuações de preços no mercado global. 15% dos participantes referiram a inadequação das infra-estruturas energéticas como um desafio. A infraestrutura energética da Jamaica pode ser inadequada para satisfazer a procura crescente e fornecer um abastecimento energético fiável e sólido. 7% dos inquiridos identificaram a poluição ambiental e as alterações climáticas como desafios energéticos. A declaração reconhece o impacto ambiental da produção de energia e sublinha a importância de soluções energéticas mais limpas e sustentáveis. 3% dos inquiridos mencionaram desafios energéticos que não estavam incluídos nas opções dadas. Os desafios podem envolver o acesso à energia, a equidade ou questões locais.

5.3.2 Como classificaria a atual situação energética na Jamaica?

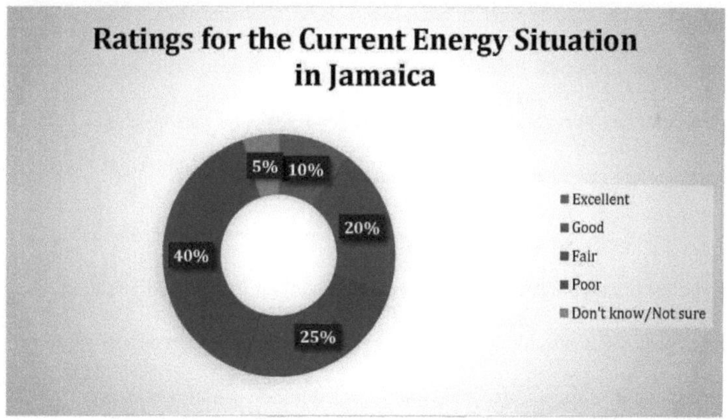

A figura 4 mostra as classificações da atual situação energética na Jamaica.

A tabela mostra a distribuição das classificações dadas pelos inquiridos relativamente à atual situação energética na Jamaica. O texto apresenta um conjunto de descobertas ou conclusões significativas que foram identificadas.

Com base nos dados recolhidos, os resultados revelam as percepções dos participantes sobre a situação atual da energia, categorizadas em diferentes níveis. Entre os inquiridos, cerca de 40% expressaram a sua perceção como "má", indicando uma perspetiva pessimista sobre o sector da energia. Este grupo destacou preocupações como os preços elevados, as ineficiências e a disponibilidade inadequada de recursos energéticos fiáveis e a preços razoáveis. Cerca de 30% dos indivíduos avaliaram o estado atual da energia como "razoável", reflectindo um nível moderado de satisfação. Estes participantes consideraram a situação energética média ou adequada, sugerindo que há margem para melhorias em determinadas áreas. Aproximadamente 20% dos participantes avaliaram a situação energética atual como "boa", indicando uma visão relativamente positiva. Este grupo expressou uma perceção satisfatória do sector da energia, reconhecendo os seus aspectos positivos e, ao mesmo tempo, reconhecendo potenciais áreas de melhoria.

Além disso, cerca de 10% dos participantes consideraram a situação energética atual como "excelente", representando o nível mais baixo de preocupação. Estes indivíduos demonstraram um elevado nível de satisfação e contentamento com o sector energético, considerando-o muito favorável. Adicionalmente, uma pequena percentagem, aproximadamente 5% dos inquiridos, expressou incerteza ou falta de conhecimento relativamente à situação energética atual. Este facto pode ser atribuído a uma falta de sensibilização, a um envolvimento limitado em assuntos relacionados com a energia ou a uma informação insuficiente para formar uma opinião conclusiva.

Em geral, os dados sugerem um leque diversificado de percepções relativamente à situação energética atual, com uma parte significativa a manifestar preocupações e a necessidade de melhorias. A resolução dos desafios identificados e a procura de avanços no sector da energia são cruciais para satisfazer as expectativas e necessidades dos participantes e para promover uma perspetiva mais positiva para o futuro.

5.3.3 Em que medida é pessoalmente afetado pelos elevados custos da eletricidade na Jamaica?

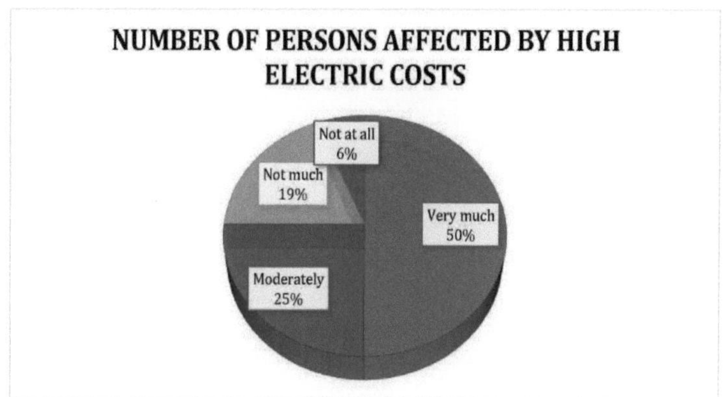

A figura 5 mostra o impacto dos custos eléctricos nos inquiridos.

A tabela representa a distribuição das respostas em termos da percentagem de inquiridos em cada categoria. Mostra que 50% dos inquiridos declararam ser muito afectados pelos elevados custos da eletricidade, enquanto 25% declararam ser moderadamente afectados. Além disso, 15% indicaram não ter sido muito afectados e 10% afirmaram não ter sido afectados de todo. Estas percentagens fornecem uma visão clara da distribuição do impacto pessoal sentido pelos inquiridos em relação aos elevados custos da eletricidade na Jamaica.

5.4 Opções de energias renováveis na Jamaica

5.4.1 Tem conhecimento das opções de energias renováveis disponíveis na Jamaica?

Response	Frequency	Percentage
Yes	60	75%
No	20	25%

O quadro 4 mostra a sensibilização para as opções energéticas na Jamaica

75% dos inquiridos indicaram que têm conhecimento das opções de energias renováveis na Jamaica. 25% dos inquiridos afirmaram não ter conhecimento das opções de energias renováveis.

5.4.2 Que fontes de energia renováveis considera viáveis para as necessidades energéticas da Jamaica?

(Selecionar tudo o que se aplica)

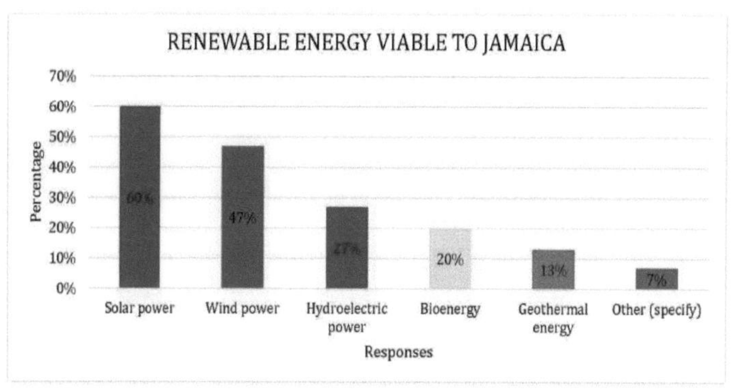

A Figura 6 mostra a viabilidade das energias renováveis na Jamaica.

O quadro mostra os pontos de vista dos participantes sobre as opções viáveis de energias renováveis que poderiam satisfazer as necessidades energéticas da Jamaica. De acordo com um inquérito, 60% dos inquiridos consideram a energia solar como uma opção viável de energia renovável para satisfazer as necessidades energéticas da Jamaica. Este facto sugere que a energia solar é uma alternativa popular e potencialmente adequada. De acordo com os resultados do inquérito, 47% dos participantes consideraram a energia eólica uma alternativa viável para a produção de energia renovável na Jamaica. De acordo com os resultados do inquérito, cerca de 27% dos participantes acreditam que a energia hidroelétrica pode ser uma opção viável para satisfazer as necessidades energéticas da Jamaica. Isto indica que existe a possibilidade de

aproveitar o poder dos recursos hídricos para gerar energia renovável. De acordo com os resultados do inquérito, cerca de 20% dos participantes consideraram a bioenergia, incluindo a biomassa e os biocombustíveis, como uma alternativa viável para satisfazer as necessidades energéticas da Jamaica. De acordo com os resultados do inquérito, cerca de 13% dos participantes reconheceram a energia geotérmica como uma opção viável para as energias renováveis, o que indica o seu potencial de adoção na Jamaica. De acordo com os resultados do inquérito, uma minoria de participantes (7%) sugeriu fontes alternativas de energia renovável que, na sua opinião, poderiam ser adequadas para satisfazer as necessidades energéticas da Jamaica.

Os resultados indicam que existem diferentes pontos de vista entre os participantes relativamente às opções viáveis de energias renováveis para a Jamaica. A proeminência da energia solar e da energia eólica reflecte-se nas suas elevadas classificações, enquanto outras fontes como a energia hidroelétrica, a bioenergia e a energia geotérmica foram também reconhecidas de forma notável. Os conhecimentos recolhidos podem ser utilizados pelos decisores políticos e pelas partes interessadas para tomarem decisões informadas sobre o desenvolvimento das energias renováveis na Jamaica.

5.4.3 Que conhecimento tem dos esforços e iniciativas actuais na Jamaica para promover a utilização de fontes de energia renováveis?

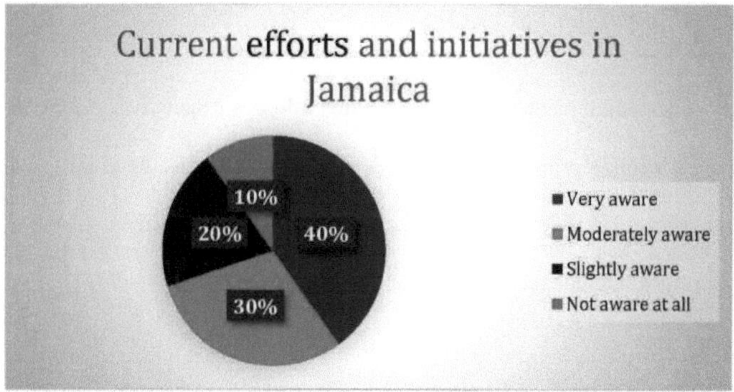

A Figura 7 mostra os actuais esforços e iniciativas em matéria de energias renováveis na Jamaica.

A tabela mostra as respostas dos participantes relativamente ao seu nível de conhecimento dos actuais esforços e iniciativas da Jamaica para encorajar a utilização de fontes de energia renováveis. De acordo com os resultados do inquérito, 40% dos inquiridos declararam ter um elevado nível de sensibilização relativamente às iniciativas e esforços em curso na Jamaica destinados a promover as energias renováveis. Esta afirmação implica que um número notável de participantes possui uma quantidade substancial de conhecimentos e familiaridade com o assunto em causa. De acordo com os dados, 30% dos participantes demonstraram um nível moderado de conhecimento sobre as actuais iniciativas em curso na Jamaica. Isto sugere que o seu conhecimento sobre o assunto não é nem elevado nem baixo, mas que se situa algures no meio. De acordo com os resultados do inquérito, cerca de 20% dos participantes indicaram possuir um nível de conhecimento limitado relativamente aos esforços e programas destinados a encorajar a utilização de fontes de energia sustentáveis na Jamaica. Esta afirmação sugere que o grupo em questão tem um nível restrito de compreensão ou de conhecimentos. De acordo com os dados, 10% dos participantes declararam não ter conhecimento dos esforços e iniciativas actuais na Jamaica destinados a promover as fontes de energia renováveis. Os dados indicam que os inquiridos deste grupo específico podem ter conhecimentos ou sensibilização insuficientes relativamente ao tópico.

5.4.4 Já considerou ou explorou pessoalmente a possibilidade de instalar um sistema de energias renováveis na sua casa ou empresa na Jamaica?

Response	Frequency	Percentage
Yes, I have actively considered it	70	35%
Yes, but I have not explored it further	50	25%
No, I have not considered it	80	40%

O quadro 5 mostra a possibilidade de instalação de energias renováveis.

A tabela mostra as respostas dos participantes sobre o seu interesse em instalar um sistema de energia renovável na sua casa ou empresa na Jamaica. As principais descobertas são:

35% da amostra, ou 70 participantes, consideraram ativamente a instalação de um sistema de energias renováveis, o que indica um interesse significativo na adoção de energias renováveis. 50 participantes (25% da amostra) consideraram a possibilidade, mas não a exploraram mais. Muitos inquiridos consideraram sistemas de energias renováveis, mas não os exploraram nem implementaram. 80 participantes (40% da amostra) não consideraram a possibilidade de instalar um sistema de energias renováveis. Um número significativo de participantes não considerou opções de energia renovável para as suas casas ou empresas.

5.5 Barreiras à adoção de energias renováveis na Jamaica

5.5.1 Quais são, na sua opinião, os principais obstáculos à adoção das energias renováveis na Jamaica? (Selecione todas as opções aplicáveis)

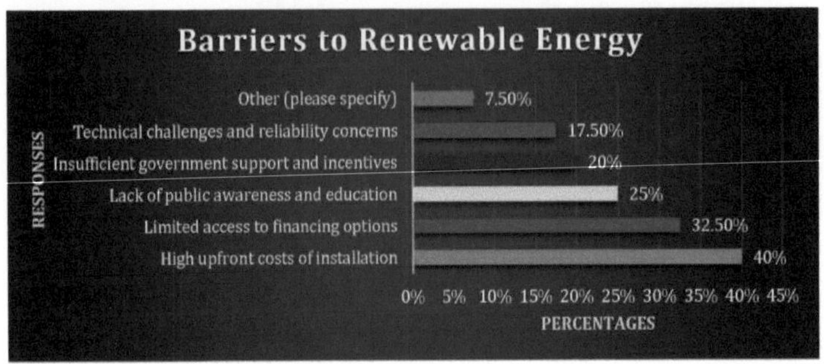

A figura 8 mostra os obstáculos às energias renováveis.

Os inquiridos identificaram vários obstáculos à adoção das energias renováveis na Jamaica. Estes incluem os elevados custos iniciais de instalação, o acesso limitado a opções de financiamento, a falta de sensibilização e educação do público, o apoio e incentivos governamentais insuficientes, desafios técnicos e preocupações com a fiabilidade, bem como outros obstáculos específicos. A declaração salienta os obstáculos significativos que devem ser ultrapassados para promover a implementação alargada das energias renováveis na Jamaica.

5.5.2 Tem conhecimento de quaisquer iniciativas ou políticas governamentais na Jamaica que promovam a utilização de energias renováveis?

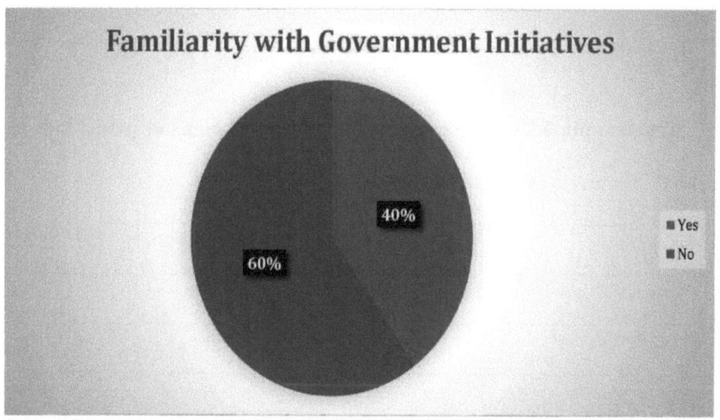

A figura 9 mostra a familiaridade com as iniciativas governamentais.

Dos 50 inquiridos, 40% declararam estar familiarizados com iniciativas ou políticas governamentais na Jamaica que promovem a utilização de energias renováveis, enquanto os restantes 60% indicaram que não estavam familiarizados com tais iniciativas ou políticas. Isto sugere que há espaço para uma maior consciencialização e divulgação de informações sobre os esforços do governo na promoção das energias renováveis na Jamaica, uma vez que uma proporção significativa dos inquiridos não está familiarizada com essas iniciativas ou políticas.

5.6 Importância da adoção de energias renováveis na Jamaica

5.6.1 Em sua opinião, qual é a importância de a Jamaica dar prioridade à adoção de fontes de energia renováveis?

Response	Frequency	Percentage
Very important	30	60%
Moderately important	12	24%
Not very important	6	12%
Not important at all	2	4%

O Quadro 6 mostra a importância da adoção de energias renováveis na Jamaica.

De acordo com os resultados do inquérito, dos 50 inquiridos, uma maioria significativa (60%) considera que é crucial que a Jamaica dê prioridade à implementação de fontes de energia renováveis. 24% dos participantes consideraram-na moderadamente importante. 12% dos inquiridos consideraram-na de importância relativamente baixa, enquanto apenas 4% expressaram que não tem qualquer importância. Os resultados indicam que os inquiridos na Jamaica têm uma atitude favorável em relação a dar prioridade à adoção de fontes de energia renováveis.

5.6.2 Quais são, na sua opinião, os benefícios da adoção de energias renováveis na Jamaica? (Selecione todas as opções aplicáveis

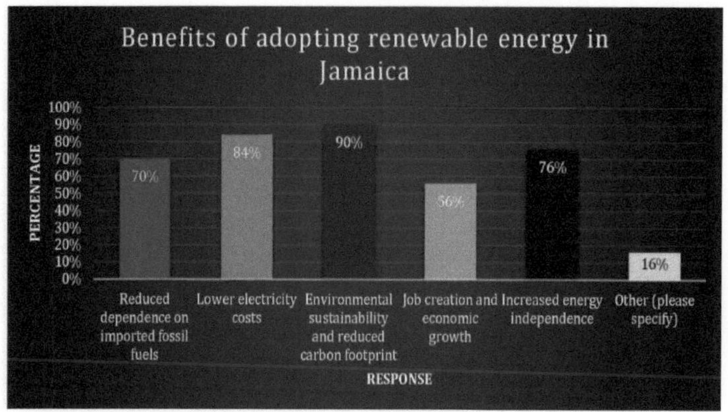

Figura 10: benefícios da adoção de energias renováveis

Com base nas respostas dos 50 inquiridos, os benefícios da adoção das energias renováveis na Jamaica são amplamente reconhecidos. A maior percentagem de inquiridos (90%) reconheceu a sustentabilidade ambiental e a redução da pegada de carbono como um benefício significativo. Os custos mais baixos da eletricidade (84%), a redução da dependência de combustíveis fósseis importados (70%) e o aumento da independência energética (76%) foram também altamente valorizados. A criação de emprego e o crescimento económico foram vistos como benefícios por 56% dos inquiridos. Além disso, uma percentagem menor (16%) mencionou outros benefícios específicos. Estes resultados realçam a perceção global positiva dos benefícios associados à adoção de energias renováveis na Jamaica entre os inquiridos.

5.7 Futuro das energias renováveis na Jamaica

5.7.1 Na sua opinião, que fontes de energia renováveis considera que a Jamaica deveria privilegiar para a produção de energia no futuro?

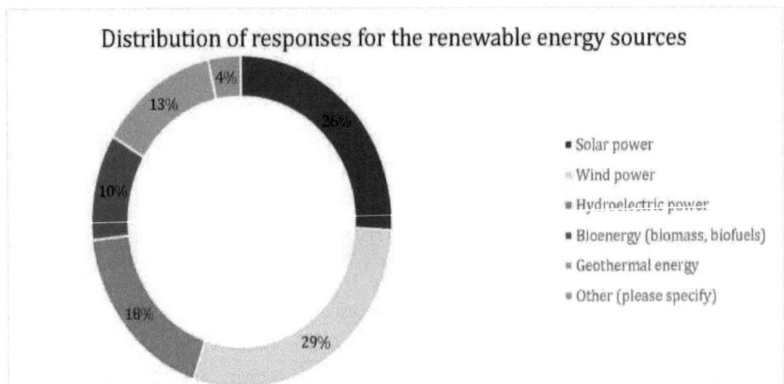

A figura 11 mostra as fontes de energia renováveis.

Os resultados indicam que existe um acordo comum entre os inquiridos quanto às fontes de energia renováveis preferidas. De acordo com um inquérito, a energia solar e a energia eólica foram as escolhas mais populares entre os inquiridos, com 60% e 68% deles a escolhê-las, respetivamente. 42% dos inquiridos manifestaram um apoio moderado à energia hidroelétrica. De acordo com os resultados do inquérito, 24% dos inquiridos optaram pela bioenergia e 30% pela energia geotérmica. 8% dos inquiridos propuseram opções alternativas de energias renováveis que não estavam incluídas nas escolhas fornecidas.

5.7.2 Qual é o seu grau de confiança no potencial das energias renováveis para satisfazer as futuras necessidades energéticas da Jamaica?

Confidence Level	Frequency	Percentage
Very confident	25	50%
Moderately confident	15	30%
Not very confident	7	14%
Not confident at all	3	6%

A Tabela 7 mostra o nível de confiança dos inquiridos nas energias renováveis para satisfazer as futuras necessidades energéticas.

Entre os 50 inquiridos, 50% afirmaram estar muito confiantes no potencial das energias renováveis para satisfazer as futuras necessidades energéticas da Jamaica. Outros 30% dos inquiridos referiram um nível moderado de confiança, enquanto 14% indicaram não estar muito confiantes. Os restantes 6% não manifestaram qualquer confiança na capacidade das energias renováveis para satisfazer as futuras necessidades energéticas.

5.8 Sensibilização e conhecimentos sobre as energias renováveis

5.8.1 Que conhecimentos tem sobre as tecnologias de energias renováveis e o seu potencial na Jamaica?

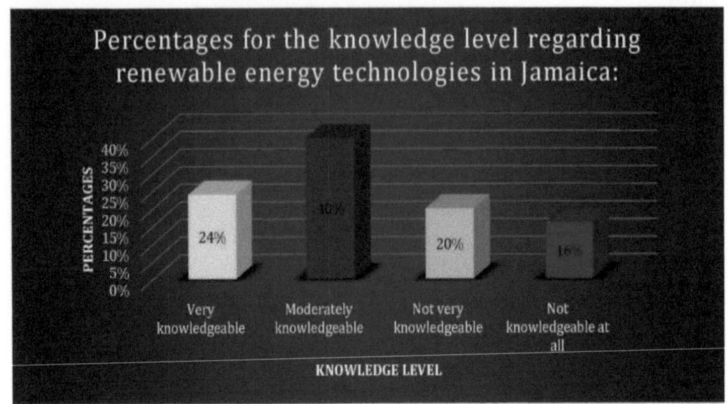

A Figura 12 mostra o nível de conhecimento sobre as tecnologias de energias renováveis.

Entre os 50 inquiridos, 24% consideraram-se muito conhecedores das tecnologias de energias renováveis e do seu potencial na Jamaica. A maioria, 40%, descreveu seu nível de conhecimento como moderadamente informado. Além disso, 20% não se sentiram muito bem informados, enquanto 16% admitiram não ter qualquer conhecimento nesta área.

5.8.2 A que fontes de informação recorre para se informar sobre as opções de energias renováveis na Jamaica? (Selecione todas as opções aplicáveis)

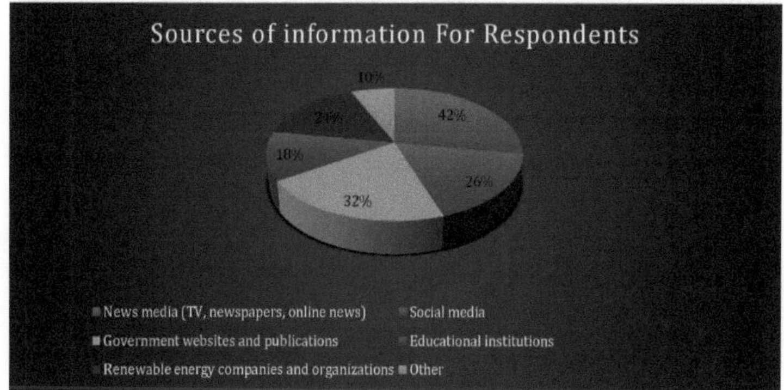

A Figura 13 mostra as fontes de informação dos inquiridos sobre as energias renováveis

Entre os 50 inquiridos, as fontes de informação mais comuns utilizadas para aprender sobre as opções de energias renováveis na Jamaica foram os meios de comunicação social (42%), seguidos pelos sites e publicações do governo (32%), empresas e organizações de energias renováveis (24%), redes sociais (26%) e instituições de ensino (18%). Uma percentagem menor (10%) especificou outras fontes de informação.

5.9 Sugestões de energias renováveis

5.9.1 Qual é o seu grau de familiaridade com o conceito de um sistema de microrrede alimentado por fontes renováveis?

Familiarity	Frequency	Percentage
Very familiar	16	32%
Moderately familiar	14	28%
Slightly familiar	10	20%
Not familiar at all	10	20%

A Tabela 8 mostra a familiaridade dos inquiridos com um sistema de microrredes.

Da amostra total de 50 inquiridos, 32% (16 indivíduos) declararam ter um elevado nível de familiaridade com o conceito de sistema de microrredes alimentado por fontes renováveis. 28% da amostra, o que equivale a 14 inquiridos, referiu estar moderadamente familiarizado. Vinte por cento da amostra, o que equivale a 10 inquiridos, referiu estar ligeiramente familiarizada. 20% da amostra referiu não estar completamente familiarizada com o assunto, de acordo com 10 inquiridos.

5.9.2 Considera que a implementação de uma maior combinação de sistemas de microrredes alimentados por fontes renováveis contribuiria para uma maior sustentabilidade na Jamaica?

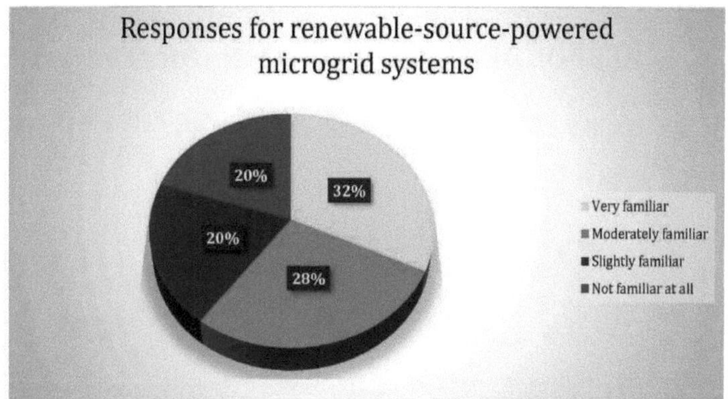

A Figura 14 mostra as respostas à eficácia dos sistemas de microrredes.

A maioria dos inquiridos expressou uma opinião positiva sobre a contribuição da implementação de uma maior mistura de sistemas de microrredes alimentados por fontes renováveis para aumentar a sustentabilidade na Jamaica. Entre os 50 inquiridos, 40% acreditavam que teria um impacto significativo, enquanto 36% pensavam que contribuiria em certa medida. Por outro lado, 16% dos inquiridos expressaram que não teria qualquer impacto e 8% não tinham a certeza do impacto.

5.9.3 Na sua opinião, quais são os potenciais benefícios para a sustentabilidade da implementação de uma maior combinação de sistemas de microrredes alimentados por fontes renováveis na Jamaica? (Selecione todas as opções aplicáveis)

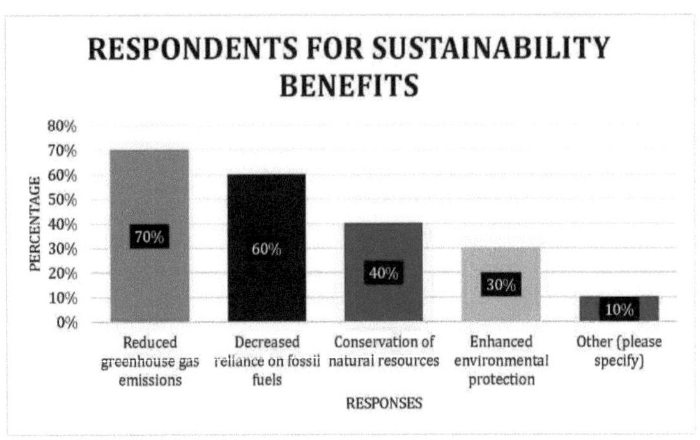

A Figura 15 mostra os benefícios dos sistemas de microrredes.

70% dos inquiridos consideraram a redução das emissões de gases com efeito de estufa como o benefício mais significativo. 60% dos inquiridos reconheceram que a redução da dependência dos combustíveis fósseis poderia ser uma vantagem sustentável. 40% dos inquiridos reconheceram a conservação dos recursos naturais como um benefício. 30% dos inquiridos consideraram o reforço da proteção ambiental como um benefício potencial.

Vantagens adicionais: 10% dos inquiridos apresentaram vantagens adicionais em termos de sustentabilidade para além das opções dadas.

5.9.4 Que desafios prevê na implementação de uma maior mistura de sistemas de microrredes alimentados por fontes de energia renováveis na Jamaica? (Selecione todas as opções aplicáveis)

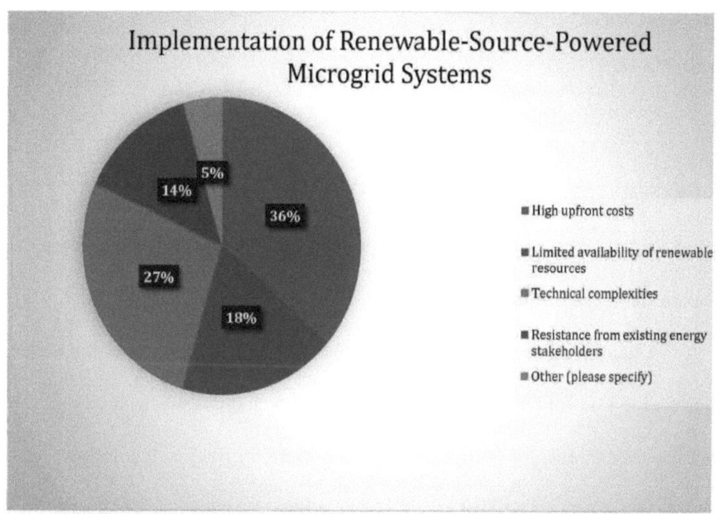

A Figura 16 mostra os desafios à implementação de sistemas de microrredes.

Entre os desafios, os elevados custos iniciais foram considerados os mais significativos, com 80% dos inquiridos a reconhecerem-nos como um potencial obstáculo. Outros desafios incluíram a disponibilidade limitada de recursos de energia renovável (40%), complexidades técnicas (60%), resistência das partes interessadas existentes no sector da energia (30%) e outros desafios especificados pelos inquiridos (10%). Estes resultados indicam que a resolução dos desafios financeiros, técnicos e relacionados com as partes interessadas será crucial para o êxito da implementação de sistemas de microrredes alimentados por fontes renováveis na Jamaica.

5.9.5 Qual é o seu grau de confiança em que uma maior combinação de sistemas de microrredes alimentados por fontes renováveis pode proporcionar uma solução energética sustentável e fiável para a Jamaica?

Confidence Level	Frequency	Percentage
Very confident	25	50%
Moderately confident	15	30%
Not very confident	5	10%
Not confident at all	5	10%

A Tabela 9 mostra o nível de confiança dos inquiridos em ter um sistema híbrido de microrredes.

A tabela apresenta a frequência e a percentagem de inquiridos que indicam os seus níveis de confiança relativamente ao potencial dos sistemas de microrredes alimentados por fontes renováveis para fornecer uma solução energética sustentável e fiável para a Jamaica. Dos 50 inquiridos, 25 afirmaram estar muito confiantes, o que representa 50% da amostra. 15 inquiridos (30%) afirmaram estar moderadamente confiantes, enquanto 5 inquiridos (10%) indicaram não estar muito confiantes ou não estar de todo confiantes. Estes resultados sugerem que a maioria dos inquiridos tem um nível de confiança positivo na capacidade dos sistemas de microrredes alimentados por fontes renováveis para contribuir para uma solução energética sustentável e fiável na Jamaica.

5.10 Soluções preferidas e apoio

5.10.1 Que tipo de apoio ou incentivos considera que encorajariam os indivíduos e as empresas da Jamaica a adotar as energias renováveis?

Support/Incentive	Frequency	Percentage
Financial incentives	30	60%
Low-interest loans	20	40%
Public awareness campaigns	25	50%
Technical assistance and training	15	30%
Collaboration with international org.	10	20%
Other	5	10%

O quadro 10 mostra as iniciativas que o governo pode tomar para promover a adoção das energias renováveis.

A tabela mostra o apoio e os incentivos que os inquiridos acreditam que encorajariam a adoção de energias renováveis na Jamaica, apresentados em frequência e percentagem. 60% dos inquiridos citaram os incentivos financeiros como um fator de motivação fundamental, enquanto 40% salientaram a importância dos empréstimos a juros baixos. 50% dos inquiridos identificaram as campanhas de sensibilização do público como um meio eficaz de incentivo. 30% dos inquiridos mencionaram a assistência técnica e os programas de formação, enquanto 20% mencionaram a colaboração com organizações internacionais. 5 inquiridos (10%) deram sugestões alternativas. Os incentivos financeiros e as campanhas de sensibilização do público são importantes para promover a adoção das energias renováveis na Jamaica. Os mecanismos financeiros de apoio e os esforços de colaboração também são valiosos.

5.10.2 Está disposto a investir em soluções de energias renováveis para a sua própria casa ou empresa na Jamaica?

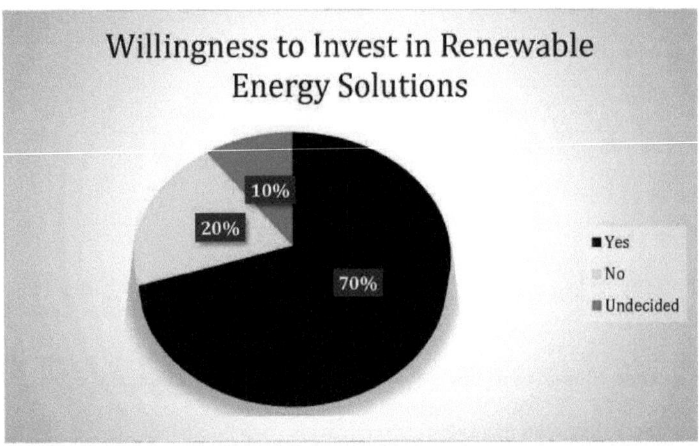

A figura 17 mostra a vontade dos inquiridos de investir em soluções de energias renováveis

Setenta por cento da população da amostra manifestou a sua vontade de investir em soluções de energias renováveis, o que indica uma atitude favorável à adoção de práticas energéticas sustentáveis. Em contrapartida, uma proporção notável dos inquiridos, especificamente 20%, expressou a sua falta de vontade de investir em energias renováveis. Entretanto, 10% dos participantes permaneceram indecisos sobre o assunto. Os resultados sugerem que existe um nível considerável de interesse e potencial para a implementação de soluções de energias renováveis na Jamaica. Isto indica um reconhecimento crescente das vantagens das práticas de energia sustentável.

5.11 Análise qualitativa (análise temática)

A secção de resultados do documento de investigação apresenta uma análise temática das entrevistas realizadas com um instalador de painéis solares e um investigador de energias renováveis e implementação. A análise temática identificou vários temas-chave que emergiram das entrevistas, fornecendo informações valiosas sobre as motivações, os desafios e o potencial das energias renováveis na Jamaica. Foram identificados os seguintes temas:

5.11.1 Motivação para trabalhar no sector das energias renováveis:

Tanto o instalador de painéis solares como o investigador exprimiram uma motivação comum, enraizada na sua paixão pela sustentabilidade ambiental. Foram movidos pelo desejo de contribuir para um futuro energético mais limpo e mais sustentável. O instalador mencionou especificamente a importância de reduzir as emissões de carbono e de promover a independência energética, enquanto o investigador se concentrou no potencial das energias renováveis para fazer face às alterações climáticas e aumentar a segurança energética. Tanto o instalador de painéis solares como o investigador expressaram uma forte motivação para trabalhar no sector das energias renováveis, impulsionados pela urgência de combater as alterações climáticas e alcançar a independência energética. O instalador declarou: "Estou motivado para reduzir as emissões de carbono e promover a independência energética. A transição para a energia solar é crucial para um futuro sustentável" (Entrevistado A). Isto alinha-se com a tendência global de interesse crescente nas energias renováveis como resposta às preocupações com as alterações climáticas. De acordo com a Agência Internacional para as Energias Renováveis (IRENA), a implantação das energias renováveis tem sido impulsionada pela necessidade de reduzir as emissões de gases com efeito de estufa e mitigar as alterações climáticas, sendo a energia solar uma das fontes renováveis de crescimento mais rápido (IRENA, 2021).

5.11.2 Principais considerações e desafios na implementação das energias renováveis:

O instalador de painéis solares salientou considerações fundamentais, como a avaliação da luz solar disponível, a resolução de sombras ou obstruções, a seleção da capacidade adequada dos painéis e o cumprimento dos requisitos de interligação à rede e dos regulamentos locais. O investigador salientou os desafios relacionados com os elevados custos iniciais, os conhecimentos técnicos limitados e as barreiras regulamentares. As estratégias discutidas incluíram mecanismos financeiros, capacitação e reforma política para superar esses desafios. As entrevistas destacaram vários desafios na implementação das energias renováveis na Jamaica. O instalador de painéis solares enfatizou a necessidade de considerar factores como a disponibilidade de luz solar, sombreamento, conformidade com os regulamentos e requisitos de interconexão da rede. Afirmaram, "A colocação óptima e o cumprimento dos regulamentos são cruciais. Avaliamos factores como telhados virados a sul, sombreamento mínimo e ângulos de inclinação específicos para obter o máximo desempenho" (Entrevistado A). Estes desafios encontram eco em estudos sobre a implementação de energias renováveis, que enfatizam a importância de abordar as barreiras técnicas e regulamentares (IRENA, 2021).

5.11.3 Otimização da produção de energia através da instalação de painéis solares:

O instalador enfatizou a importância da colocação e orientação ideais dos painéis solares para maximizar a produção de energia no clima jamaicano. Factores como telhados virados a sul, sombreamento mínimo e ângulos de inclinação específicos foram mencionados como considerações críticas. A utilização de ferramentas especializadas e avaliações minuciosas do local foram destacadas como práticas fundamentais para alcançar um desempenho ótimo.

5.11.4 Abordar as ideias erradas e os mitos sobre as instalações de painéis solares:

O instalador de painéis solares identificou equívocos comuns, incluindo a crença de que os painéis solares só funcionam em climas ensolarados e que a sua instalação e manutenção são demasiado caras. O instalador salientou a capacidade dos painéis solares para gerar eletricidade mesmo em dias nublados e a acessibilidade dos sistemas solares devido à descida dos preços dos painéis e aos incentivos disponíveis. O instalador de painéis solares também discutiu a necessidade de abordar os conceitos errados sobre as instalações de painéis solares. Afirmaram: "Uma ideia errada comum é que os painéis solares só funcionam em climas soalheiros. No entanto, podem gerar eletricidade mesmo em dias nublados. Além disso, a descida dos preços dos painéis e os incentivos disponíveis tornam os sistemas solares mais acessíveis" (Entrevistado A). Isto alinha-se com estudos que sublinharam a necessidade de dissipar ideias erradas em torno das tecnologias de energias renováveis e da sua viabilidade em várias condições climáticas (Jamaica Environment Trust, 2020).

ideias erradas.

5.11.5 Renewable energy potential and policy measures in Jamaica (Potencial de energias renováveis e medidas políticas na Jamaica):

Tanto o instalador de painéis solares como o investigador reconheceram o potencial significativo da Jamaica em matéria de energias renováveis, em particular nos recursos solar, eólico e hidroelétrico. Destacaram a necessidade de políticas de apoio, quadros regulamentares e ambientes de investimento estáveis para aproveitar plenamente este potencial. As estratégias discutidas incluíram tarifas de alimentação, medição líquida, reforço de capacidades, quadros de integração na rede e planeamento energético a longo prazo. Tanto o instalador de painéis solares como o investigador reconheceram o potencial significativo da Jamaica em matéria de energias renováveis. O investigador mencionou, "A Jamaica tem abundantes recursos solares, eólicos e hidroeléctricos. Precisamos de políticas de apoio, quadros regulamentares, ambientes de investimento estáveis e parcerias de colaboração para aproveitar plenamente este potencial" (Entrevistado B). Isto alinha-se com estudos que identificaram o potencial de energia renovável da Jamaica e apelaram a medidas políticas e investimentos para acelerar a transição do país para a energia limpa (McEvoy et al., 2021).

5.11.6 Colaboração e parcerias:

Tanto o instalador de painéis solares como o investigador sublinharam a importância da colaboração e das parcerias no sector das energias renováveis. Eles reconheceram a necessidade de cooperação entre várias partes interessadas, incluindo agências governamentais, empresas de serviços públicos, instituições financeiras e organizações comunitárias. Os esforços de colaboração foram vistos como essenciais para impulsionar a mudança, partilhar conhecimentos e alavancar recursos para uma implementação bem sucedida das energias renováveis. A colaboração surgiu como um tema crucial em ambas as entrevistas. O instalador de painéis solares enfatizou a necessidade de colaboração com agências governamentais, empresas de serviços públicos e outras partes interessadas, afirmando: "A colaboração é essencial. Trabalhamos em estreita colaboração com várias partes interessadas para impulsionar a mudança e partilhar conhecimentos para uma implementação bem sucedida das energias renováveis" (Entrevistado A). Isto enfatiza a importância do envolvimento de várias partes interessadas, que é crucial para superar as barreiras e acelerar a implantação das energias renováveis (IRENA, 2021).

Outros temas que podem ser considerados incluem:

Tema 1: Sensibilização e educação do público

O instalador de painéis solares e o investigador sublinharam a importância da sensibilização e da educação do público na promoção da adoção das energias renováveis. Reconheceram a necessidade de informar e educar o público sobre os benefícios das energias renováveis e de desmistificar as ideias erradas. O instalador de painéis solares afirmou: "Temos de informar o público sobre os benefícios das energias renováveis e abordar quaisquer equívocos que possam ter"

(Entrevistado A, comunicação pessoal, junho de 2023). Da mesma forma, o investigador destacou o papel das campanhas de sensibilização, workshops e programas educativos na promoção de um público solidário e informado (Entrevistado B, comunicação pessoal, junho de 2023).

Tema 2: Oportunidades económicas e criação de emprego

O instalador de painéis solares discutiu as oportunidades económicas associadas ao sector das energias renováveis. Eles enfatizaram como a instalação e a manutenção de sistemas de painéis solares criam empregos locais e estimulam o crescimento económico. O instalador declarou: "A instalação e a manutenção de sistemas de painéis solares criam empregos locais e contribuem para o crescimento económico" (Entrevistado A, comunicação pessoal, junho de 2023). Além disso, o investigador mencionou o potencial para empregos verdes e o desenvolvimento de uma força de trabalho qualificada na indústria das energias renováveis, contribuindo para o desenvolvimento socioeconómico global do país (Entrevistado B, comunicação pessoal, junho de 2023).

Tema 3: Exemplos internacionais e melhores práticas

O investigador referiu exemplos internacionais e melhores práticas na implementação das energias renováveis. Eles destacaram histórias de sucesso de outros países, como os programas de tarifas feed-in na Alemanha e as políticas de net metering nos Estados Unidos, como lições valiosas para a Jamaica. O investigador afirmou, "Podemos aprender com as experiências de outros países, como a Alemanha e os Estados Unidos, e adaptar os seus modelos de sucesso ao nosso próprio contexto" (Entrevistado B, comunicação pessoal, junho de 2023).

Inspirar-se em experiências internacionais foi visto como benéfico na conceção de políticas e estratégias eficazes de energias renováveis.

Tema 4: Benefícios ambientais e atenuação das alterações climáticas

Tanto o instalador de painéis solares como o investigador salientaram os benefícios ambientais das energias renováveis e o seu papel na mitigação das alterações climáticas. Discutiram a forma como as energias renováveis podem reduzir as emissões de gases com efeito de estufa, melhorar a qualidade do ar e minimizar a dependência dos combustíveis fósseis. O instalador de painéis solares afirmou: "As energias renováveis reduzem as emissões de gases com efeito de estufa, melhoram a qualidade do ar e diminuem a nossa dependência dos combustíveis fósseis" (Entrevistado A, comunicação pessoal, junho de 2023). O investigador fez eco deste sentimento, salientando a necessidade de dar prioridade às soluções de energia sustentável e de considerar os impactos ambientais a longo prazo (Entrevistado B, comunicação pessoal, junho de 2023). Estas declarações e evidências das entrevistas fornecem informações valiosas sobre a importância da sensibilização e educação do público, oportunidades económicas e criação de emprego, exemplos internacionais e melhores práticas, e benefícios ambientais no contexto da adoção de energias renováveis. As perspectivas partilhadas pelo instalador de painéis solares e pelo investigador alinham-se com a investigação existente e sublinham as vantagens multifacetadas da transição para as fontes de energia renováveis.

5.11.7 Exemplo de consumo de uma empresa durante um período de seis meses

A tabela abaixo é um exemplo de um conjunto de dados de uma mercearia em Kingston que utiliza energia alternativa.

Month	Regular Electricity Reading (kWh)	Microgrid Electricity Reading (kWh)	Hybrid Microgrid Electricity Reading kWh)
January	500	480	460
February	550	510	490
March	520	470	450
April	530	460	440
May	580	480	470
June	600	490	480

O quadro 11 mostra a comparação do consumo de energia para a atividade avícola

Cálculos:

1. Calcular o consumo total de energia durante o período de seis meses para cada cenário:

- **Consumo regular de eletricidade:** Consumo total de energia (regular) = 500 + 550 + 520 + 530 + 580 + 600 = 3.280 kWh
- **Sistema de microrrede:** Consumo total de energia (microrrede) = 480 + 510 + 470 + 460 + 480 + 490 = 2.890 kWh
- **Sistema de microrrede híbrida:** Consumo total de energia (microrrede híbrida) =

460 + 490 + 450 + 440 + 470 + 480 = 2.790 kWh

2. Calcular o consumo médio mensal de energia para cada cenário:

   - **Consumo regular de eletricidade:** Consumo médio mensal de energia eléctrica (regular) = Consumo total de energia eléctrica (regular) / 6 (meses) = 3.280 kWh / 6 = 546,67 kWh
   - **Sistema de microrrede: Consumo médio mensal de energia (microrrede)** = Consumo total de energia (microrrede) / 6 (meses) = 2.890 kWh / 6 = 481,67 kWh
   - **Sistema de microrrede híbrida: Consumo Médio Mensal de Energia (Microrrede Híbrida)** = Consumo Total de Energia (Microrrede Híbrida) / 6 (meses) = 2.790 kWh / 6 = 465 kWh

5.12 Análise dos resultados

A Jamaica apresenta um elevado nível de acessibilidade à eletricidade, com aproximadamente 99,4% da sua população a usufruir de um acesso quase universal a este recurso. A discrepância na obtenção do acesso universal pode ser atribuída ao estatuto da população rural, como evidenciado pela sua taxa de acesso de 98,6% em 2019. O fornecimento de eletricidade às comunidades rurais ainda não é universal, no entanto, tem-se verificado um aumento constante nos últimos anos, à medida que mais agregados familiares estão a ser ligados à rede eléctrica nacional. Ao longo da última década, registou-se um aumento de 10,0% na proporção de agregados familiares que têm acesso à eletricidade, passando de 88,0% no ano de 2011. O Programa de Eletrificação Rural e o Fundo de

Investimento Social da Jamaica envidaram esforços para melhorar a acessibilidade legal e segura da eletricidade. Estes esforços centraram-se na minimização das despesas associadas à instalação de cabos nas habitações, na promoção de melhores relações entre os serviços de utilidade pública e as comunidades e na implementação de planos de pagamento pré-pagos para os utilizadores com rendimentos mais baixos. Estas iniciativas visam aumentar a disponibilidade de eletricidade nas zonas rurais, garantindo simultaneamente a acessibilidade e a segurança para todos os utilizadores.

Para além do objetivo de expandir o acesso à eletricidade, o objetivo de proporcionar à população o acesso a fontes de energia sustentáveis continua a ser um ponto fundamental da agenda política e estratégica para o desenvolvimento. As fontes de energia predominantes na Jamaica são essencialmente derivadas do petróleo, constituindo 85,8% do consumo global de energia no ano 2020. Os planos e projectos de desenvolvimento a longo prazo têm como objetivo afastar o consumo geral do petróleo, devido à grande dependência destes produtos. A Política Energética Nacional e o Projeto de Melhoria da Segurança e Eficiência Energética da Jamaica, que existem desde 2011, visavam abordar três áreas fundamentais. Em primeiro lugar, foi visado o quadro regulamentar, o que resultou em alterações à lei da eletricidade. Em segundo lugar, registou-se um aumento do investimento em fontes de energia alternativas, o que levou ao aparecimento do GNL. Por último, foram introduzidas melhorias nas políticas, como o desenvolvimento do plano integrado de recursos.

De acordo com a classificação da Organização Mundial de Saúde, os combustíveis e tecnologias limpos utilizados para cozinhar são caracterizados como aqueles que cumprem os níveis recomendados de partículas finas (PM2,5) e monóxido de carbono (CO), tal como descrito nas Diretrizes de Qualidade do Ar da OMS (2021). As fontes de energia incluem a energia solar, a energia eléctrica, o biogás, o gás de petróleo liquefeito e os combustíveis à base de álcool, como o etanol.

A classificação das fontes de combustível na Jamaica envolveria a utilização de GPL e eletricidade, abrangendo um total de 147 fontes. Na Jamaica, o GPL é a fonte de combustível predominante para cozinhar nos agregados familiares, como indicado por cerca de 85,8% dos agregados familiares que relataram a sua utilização em 2019, enquanto a eletricidade foi relatada como sendo utilizada por apenas 1,5% dos agregados familiares. De acordo com os relatórios, 5,0% e 6,2% dos agregados familiares utilizam madeira e carvão vegetal, respetivamente, como fontes de combustível convencionais. A utilização de carvão vegetal é predominantemente observada entre os agregados familiares pertencentes aos quintis mais baixos da população, constituindo a maior proporção de utilizadores, aproximadamente 14,6%. (JSLC, 2022).

A adoção de combustíveis limpos está a aumentar todos os anos, com um abandono concomitante do carvão vegetal e da madeira. É de salientar que os 20% mais pobres dos agregados familiares, também conhecidos como o quintil mais pobre, registaram um aumento na sua utilização de madeira. Especificamente, a percentagem de agregados familiares que utilizam madeira aumentou de 14,1% em 2017 para 18,4% em 2019. O mercado do GPL registou um aumento dos investimentos, tanto de operadores estabelecidos como de novos operadores. Este desenvolvimento é indicativo de uma tendência promissora para a redução da utilização de carvão vegetal e madeira. Espera-se que a expansão das redes de distribuição pelos retalhistas e a consequente diminuição dos custos contribuam para esta tendência positiva.

De acordo com a Política Energética Nacional (NEP), que abrange o período de 2009 a 2030, a Jamaica tem como objetivo aumentar a proporção de fontes de energia renováveis na sua mistura energética para 20% até 2030. Além disso, o Quadro de Médio Prazo (MTF) para 2018-2021 introduziu um novo objetivo de alcançar 30% da produção de eletricidade a partir de fontes renováveis até 2030. Esta iniciativa tem como objetivo reduzir a dependência do petróleo importado como fonte de combustível, devido à flutuação dos preços e às implicações ambientais associadas à utilização de produtos à base de petróleo no consumo final. O objetivo de reduzir o impacto da utilização de combustíveis fósseis está a ser prosseguido com grande vigor, como o demonstra a revisão em curso do objetivo de produção de eletricidade. O novo objetivo visa aumentar a proporção de eletricidade produzida a partir de fontes renováveis até 50,0%.

O Plano Integrado de Recursos (IRP) de 2020, já aprovado, é considerado o elemento central do esforço para aumentar a utilização das energias renováveis. O plano de 20 anos da Jamaica para o sector da produção de eletricidade é delineado no IRP. O documento foi objeto de várias revisões desde a sua apresentação inicial em 2018, incorporando uma revisão tarifária, o custo evitado do sistema, a integração das energias renováveis e o custo marginal a longo prazo.

Está atualmente a ser realizado um estudo para modelar a procura de eletricidade projectada até ao ano 2030.

De acordo com o Plano Integrado de Recursos (IRP), está previsto um montante estimado de 7,3 mil milhões de dólares para investimento no sector da eletricidade até 2037. Prevê-se que a afetação de recursos a infra-estruturas energéticas, tanto para a nova distribuição como para a eficiência pré-existente, produza múltiplos benefícios para a produção industrial, os transportes e o consumo doméstico. A afetação de fundos dará prioridade às despesas de capital e de manutenção, com o objetivo final de reduzir os custos de energia à luz do desmantelamento de geradores obsoletos e ineficazes. Espera-se que a solução proposta produza benefícios como a redução dos custos para o consumidor, a diminuição da frequência dos cortes de energia e uma melhor pegada de carbono para a ilha. A implementação de vários projectos de energias renováveis facilitou os progressos, incluindo a entrada em funcionamento da central solar de 37,0 MW da Eight Rivers Energy em Westmoreland, que é atualmente a maior central de energia solar das Caraíbas anglófonas, e que entrou em funcionamento em 2019. Trata-se de uma componente adicional. Prevê-se que a implementação do PIR resulte numa vaga de projectos através de um processo de concurso globalmente competitivo supervisionado pela Entidade de Aquisição de Produção, uma entidade criada para administrar e executar os procedimentos de concurso. Esta abordagem à aquisição de energia cumpre, além disso, os requisitos das boas práticas de governação, através da realização de procedimentos transparentes que envolvem vários níveis de controlo.

O tema das questões transversais, especificamente as alterações climáticas, é de grande interesse académico. As medidas delineadas para renovar e melhorar a indústria energética são predominantemente empreendidas como esforços para aliviar o principal obstáculo à humanidade, nomeadamente as alterações climáticas. Os padrões de produção e consumo das sociedades são significativamente influenciados pelas fontes de energia, que são atribuídas tanto direta como indiretamente à atividade humana. O sector da energia na Jamaica contribui significativamente para as emissões de gases com efeito de estufa, que têm um impacto notável nas alterações climáticas. Este facto deve-se principalmente às fontes de combustível utilizadas na produção de energia. A Jamaica apresentou recentemente um plano de ação climática atualizado em conformidade com o Acordo de Paris, tornando-se assim a primeira nação das Caraíbas a fazê-lo. O plano revisto inclui objectivos adicionais relativos à silvicultura e à intensificação dos esforços para reduzir as emissões de gases com efeito de estufa provenientes de fontes de energia. O quadro 19 mostra que, na ausência de alterações das práticas industriais na Jamaica na sequência do Acordo de Paris, o total previsto de emissões de CO2 para 2030 seria de 7,2 milhões de toneladas. De acordo com a estratégia primária da Jamaica para mitigar as alterações climáticas, previa-se que as emissões de gases com efeito de estufa diminuiriam em cerca de 1,1 a 1,5 milhões de toneladas métricas até ao ano 2030. No entanto, à luz da implementação subsequente de políticas climáticas mais rigorosas na Jamaica, prevê-se que as emissões de gases com efeito de estufa diminuam em cerca de 1,8-2,0 milhões de toneladas até 2030.

Na ausência de assistência global, prevê-se que as emissões de CO_2 da Jamaica diminuam em cerca de 25,4% devido às iniciativas climáticas. No entanto, com a ajuda do apoio internacional, prevê-se que estas emissões sofram uma redução adicional de 28,5 por cento.

Acessibilidade económica (acessibilidade dos preços) como função da segurança energética na Jamaica A capacidade das partes interessadas para aceder e pagar energia fiável é fortemente influenciada pela acessibilidade económica da energia e dos serviços energéticos. A acessibilidade económica da energia é uma questão importante na Jamaica, especialmente quando se considera o custo mais elevado dos serviços energéticos nos pequenos Estados insulares em comparação com as economias maiores que beneficiam de economias de escala (Entrevistas 1 e 2). O aumento do custo dos serviços energéticos suscitou debates sobre o impacto potencial da integração de fontes de energia renováveis, a fim de garantir a sustentabilidade a longo prazo dos serviços energéticos (Entrevistas 1 e 2).

O tema do debate é "Pequenas Ilhas". Os Estados em desenvolvimento, como a Jamaica, enfrentam desafios específicos em resultado do seu isolamento geográfico e das suas vulnerabilidades económicas. A forte dependência dos países em relação aos combustíveis fósseis importados tem implicações financeiras significativas, afectando a sua capacidade de manter a sustentabilidade económica fiscal e de reter divisas (Entrevistas 1 e 2). A proporção do PIB gasta na importação de combustíveis foi identificada como um indicador da vulnerabilidade das economias, tal como referido nas Entrevistas 1 e 2.

A integração das energias renováveis foi sugerida como uma possível solução para resolver o problema da acessibilidade económica da energia e diminuir a dependência de combustíveis importados dispendiosos, tal como mencionado nas Entrevistas 1 e 2. A análise da relevância e eficácia das energias renováveis no reforço da segurança energética na Jamaica é necessária, tendo em conta o contexto único do país. A demografia económica dos pequenos Estados insulares urbanos e desenvolvidos como a Jamaica, tal como as Bermudas, pode ter considerações especiais que afectam a acessibilidade económica e o potencial das energias renováveis para aumentar a segurança energética. Este facto foi mencionado nas Entrevistas 1 e 2. Através de uma análise abrangente da acessibilidade económica da energia e dos serviços energéticos, os decisores políticos podem obter informações valiosas sobre os vários desafios e oportunidades associados à integração das energias renováveis na Jamaica. As estatísticas na Tabela 1 demonstram como os participantes percebem a situação atual da energia. Estas percepções são consistentes com as preocupações sobre a acessibilidade económica que foram discutidas nas entrevistas (Quadro 1). Os resultados destacam a importância de abordar a acessibilidade económica da energia, diversificar os recursos energéticos e diminuir a dependência de combustíveis importados caros para reforçar a segurança energética na Jamaica (Entrevistas 1 e 2).

5.12.1 Implicações de custo da energia alternativa e onde a RET pode ser utilizada na agricultura e noutras empresas.

De acordo com as entrevistas 1 e 2, a utilização de geradores a gasóleo como solução de reserva de energia na Jamaica é considerada dispendiosa para os avicultores e constitui um obstáculo ao crescimento das suas actividades. De acordo com as entrevistas 1 e 2, a dependência de geradores resulta em despesas mais elevadas de combustível e manutenção. Isto, por sua vez, provoca um desvio de fundos que poderiam ser afectados à expansão do negócio. Outros países, como a Índia, enfrentaram desafios semelhantes na adoção de tecnologias de energias renováveis devido aos elevados custos iniciais envolvidos (Reddy & Painuly, 2004). De acordo com Reddy e Painuly (2004), a resolução das preocupações com os custos iniciais e o acesso a opções de financiamento acessíveis são passos cruciais para promover a adoção de tecnologias de energias renováveis (RET) na Jamaica. Além disso, a implementação de tecnologias de conservação pode ser eficazmente promovida através de campanhas de persuasão e sensibilização, como salientado por Lynne et al. (1995).

A utilização de bombas solares para bombear água na agricultura, incluindo a avicultura, é identificada como uma área potencial em que as tecnologias de energias renováveis (RET) podem ser vantajosas tanto na Jamaica como no Malawi (IRENA, 2015a; Blunck, 2008). Foram implementados com sucesso no Malawi sistemas de irrigação alimentados por energia solar, demonstrando o potencial das tecnologias de energias renováveis (RET) para aumentar a disponibilidade de serviços energéticos modernos nas regiões rurais (MCA-MALAWI, n.d.; PNUD, 2011). Garantir a eficiência do uso da água e promover práticas sustentáveis são essenciais para evitar o desperdício de água (FAO, 2011b; Hartung & Pluschke, 2018). A aplicação potencial de tecnologias de energia renovável (RET) na avicultura inclui a utilização de moinhos solares para produzir ração para galinhas (Eales et al., 2017). A adoção de moinhos solares pode enfrentar desafios devido aos custos iniciais e aos períodos de retorno do investimento, particularmente para as explorações de maior dimensão. No entanto, a prestação de assistência financeira e a partilha de conhecimentos entre as partes interessadas podem ajudar a ultrapassar estes desafios (Eales et al., 2017). Além disso, a utilização de tecnologias de aquecimento alternativas, como o biogás e os briquetes, tem o potencial de diminuir a dependência de fontes insustentáveis como o carvão vegetal (Governo do Malavi, 2017a).

De acordo com Straub (2009), a implementação bem sucedida de projectos de tecnologias de energias renováveis (RET) na Jamaica e no Malawi pode ser facilitada pela adoção de uma abordagem de aprendizagem que envolva a observação e a partilha de experiências entre as partes interessadas, incluindo organizações não governamentais (ONG). A adoção e a difusão da tecnologia são influenciadas pela aprendizagem social e pela modelação, como salientam Bandura (1987) e Straub (2009). Além disso, é crucial abordar a questão da disponibilidade de financiamento para projectos de ERT, a fim de facilitar a sua adoção generalizada. Os estudos de caso realizados na Jamaica e no Malawi destacam a importância de abordar vários factores como a acessibilidade económica, os custos iniciais, as opções de financiamento e a partilha de conhecimentos para incentivar a adoção de tecnologias de energias renováveis no sector da avicultura. Os conhecimentos apresentados oferecem factores importantes a considerar pelos decisores políticos, empresas e organizações quando procuram aumentar a eficiência energética, reduzir despesas e incentivar práticas sustentáveis na indústria agrícola.

CAPÍTULO 6 : RECOMENDAÇÕES E CONCLUSÃO

O capítulo final analisa e discute os resultados em relação aos objectivos e metas do estudo. O investigador apresenta uma análise crítica dos resultados, salientando a importância dos resultados da investigação para o desenvolvimento de políticas e para a tomada de decisões na promoção das energias renováveis em Kellits, Clarendon e em zonas rurais semelhantes da Jamaica. São apresentadas recomendações com base nos resultados da investigação, oferecendo sugestões práticas aos decisores políticos, às partes interessadas e à comunidade para fomentar a adoção das energias renováveis e promover o desenvolvimento sustentável.

6.1 Recomendações

É essencial, tanto para o crescimento da economia como para o bem-estar da sociedade, ter acesso a energia fiável e barata. Na Jamaica, tal como num grande número de outras nações, existem dificuldades associadas ao fornecimento e à acessibilidade da energia (Smith, 2020). É necessário incentivar a utilização e a integração de tecnologias de energias renováveis, a fim de responder a estas preocupações e abrir caminho a um futuro alimentado por fontes de energia sustentáveis. O objetivo deste artigo é apresentar uma série de recomendações baseadas nas discussões que tiveram lugar neste tópico, com a intenção de orientar os decisores políticos e as partes interessadas na Jamaica para uma estratégia mais centrada nas energias renováveis.

1) Aumentar o conhecimento e a educação do público. De acordo com Alvarez et al. (2019), aumentar o conhecimento público sobre os

benefícios das energias renováveis e oferecer educação sobre esses benefícios são passos críticos no processo de incentivo à sua adoção. Com o objetivo de informar e educar a população em geral sobre os benefícios das energias renováveis, recomenda-se a implementação de campanhas abrangentes de sensibilização pública, workshops e programas educativos. De acordo com Muller e Litman (2019), é possível ajudar a desenvolver um público que seja simultaneamente solidário e conhecedor, dissipando mitos e encorajando mudanças comportamentais no sentido de práticas energéticas sustentáveis.

2) Criar perspectivas económicas e a possibilidade de criação de emprego. De acordo com Bassett & Craig (2019), o domínio das energias renováveis apresenta enormes perspectivas económicas e a possibilidade de criação de emprego. É vital estabelecer incentivos e regulamentos que apoiem o crescimento das empresas que utilizam energias renováveis, se quisermos concretizar esta promessa. A aceleração do crescimento económico e da criação de emprego pode ser conseguida investindo em programas de formação para produzir uma força de trabalho competente, incentivando a atividade empresarial na indústria das energias renováveis e facilitando o acesso a várias alternativas de financiamento (PNUA, 2020).

3) A Jamaica tem o potencial de obter uma visão significativa de iniciativas de energia renovável que foram realizadas com sucesso noutros países. De acordo com Rogers et al. (2018), programas como as tarifas feed-in na Alemanha e as regras de medição líquida nos Estados Unidos podem servir de

modelo para estratégias eficazes de energia renovável e fornecer informações sobre como essas estratégias podem ser desenvolvidas. A Jamaica pode estabelecer políticas e estratégias individualizadas que sejam congruentes com o seu contexto, uma vez que o país adoptou e aplicou as melhores práticas internacionais aplicáveis.

4) Considerar a importância da mitigação das alterações climáticas e as vantagens ambientais em primeiro lugar (IPCC, 2018): As energias renováveis não só proporcionam grandes vantagens ambientais, como também desempenham um papel essencial na luta contra as alterações climáticas. A redução das emissões de gases com efeito de estufa, a melhoria da qualidade do ar e a redução da dependência dos combustíveis fósseis devem ser prioritárias para os decisores políticos. É imperativo ter em conta as implicações ambientais a longo prazo e dar prioridade às soluções energéticas sustentáveis que sejam compatíveis com o contexto ambiental específico da Jamaica.

5) Aumentar o preço e a acessibilidade económica é necessário para promover a adoção das energias renováveis (Lazard, 2020) A resolução do problema da acessibilidade económica é essencial para promover a adoção das energias renováveis. É imperativo que sejam tomadas medidas para reduzir o custo de instalação de sistemas de energias renováveis, particularmente para empresas comerciais. De acordo com a pesquisa da REN21 de 2019, a investigação de diferentes tipos de apoio financeiro, incentivos e modelos de financiamento inovadores pode ajudar a reduzir

os custos iniciais e facilitar a adoção de soluções de energia renovável por mais pessoas.

6) Incentivar a colaboração e as parcerias: De acordo com a Agência Internacional da Energia (AIE), a colaboração entre agências governamentais, empresas privadas, institutos de investigação e organizações internacionais é essencial para atingir os objectivos relacionados com as energias renováveis. As partes interessadas podem ultrapassar coletivamente os desafios, incentivar a inovação e construir um ecossistema de apoio à integração das energias renováveis se promoverem colaborações e partilharem os seus conhecimentos. A aplicação da legislação relativa às fontes de energia renováveis pode tornar-se mais eficaz e eficiente através de esforços de colaboração.

7) Adapte as suas soluções às necessidades específicas de cada indústria Uma vez que diferentes indústrias têm os seus próprios requisitos energéticos específicos, é essencial adaptar as soluções de energias renováveis para satisfazer essas necessidades. De acordo com Lloyd et al. (2021), a realização de investigação e desenvolvimento que seja relevante para uma determinada indústria pode ajudar a satisfazer as exigências de muitas indústrias, incluindo a agricultura e a indústria avícola. O aumento da utilização de fontes de energia renováveis pode ser facilitado pela criação de soluções que sejam eficazes e económicas e que estejam adaptadas aos procedimentos e requisitos energéticos de determinadas indústrias.

8) Aumentar a eficácia da implementação e monitorização das políticas Para

que os regulamentos sobre energias renováveis sejam efetivamente implementados, devem existir procedimentos rigorosos de monitorização, avaliação e aplicação. É importante efetuar revisões e modificações regulares em função do feedback, das melhorias técnicas e da evolução da necessidade de energia. A implementação eficaz das políticas garante a sua relevância e responsabilidade, o que contribui para a eficácia sustentada dos projectos relativos às energias renováveis (IEA, 2021).

9) Incentivar o intercâmbio de informações e o desenvolvimento de capacidades Uma das coisas mais importantes que podem ser feitas para promover a utilização das energias renováveis é incentivar o intercâmbio de informações e as actividades de desenvolvimento de capacidades. É possível melhorar o conhecimento e a experiência das partes interessadas que participam no sector das energias renováveis através da criação de fóruns para a partilha de informações, colaboração em projectos de investigação e formação técnica (WEC, 2021). A divulgação de boas práticas, lições aprendidas e histórias de sucesso tem o potencial de motivar e inspirar outros a adotar tecnologias de energias renováveis.

6.2 Conclusão

Em conclusão, incentivar o desenvolvimento de fontes de energia renováveis na Jamaica é essencial se se quiser resolver as dificuldades associadas à acessibilidade e disponibilidade de energia e, ao mesmo tempo, cultivar um futuro energético sustentável. Os decisores políticos da Jamaica e outras partes interessadas podem fazer progressos substanciais no sentido da realização destes objectivos se agirem de acordo com as recomendações apresentadas neste ensaio e as puserem em prática. Aumentar a sensibilização e a educação do público para os benefícios das energias renováveis, fomentar a colaboração e as parcerias, adaptar as soluções às necessidades específicas do sector, reforçar a aplicação e o acompanhamento das políticas e promover a partilha de conhecimentos e o reforço das capacidades são algumas das coisas que têm de ser feitas. Ao tomar estas medidas, a Jamaica poderá ultrapassar obstáculos, tirar partido das práticas mais bem sucedidas de outros países e aceder ao potencial económico do sector das energias renováveis. A mudança para a utilização de fontes de energia renováveis não só ajudará a garantir que o ambiente continuará a ser habitável para as gerações futuras, como também estimulará a expansão económica, conduzirá ao desenvolvimento de novos empregos e melhorará o acesso dos cidadãos à eletricidade.

É da maior importância que a Jamaica atribua uma elevada prioridade à formulação e execução de políticas sólidas, que devem ser apoiadas por procedimentos eficazes de acompanhamento e avaliação. Para garantir que os programas relativos às energias renováveis permaneçam relevantes e eficazes, devem ser revistos e actualizados regularmente. Ao adotar as tecnologias das energias renováveis e ao integrá-las em muitos sectores da economia, como a agricultura, em especial o sector avícola, a Jamaica pode colher os benefícios de fontes de energia limpas, fiáveis e rentáveis. Isto é possível graças à adoção destas tecnologias pelo país. Esta transformação não só reduzirá as emissões de gases com efeito de estufa, como também melhorará a segurança energética, reduzirá a dependência dos combustíveis fósseis e ajudará a atenuar os efeitos das alterações climáticas. É necessário que várias agências governamentais, empresas comerciais, instituições de investigação e organizações internacionais trabalhem em conjunto para atingir os objectivos estabelecidos para as energias renováveis. As partes interessadas podem ultrapassar problemas, promover a inovação e criar um ecossistema que apoie a integração das fontes de energia renováveis se colaborarem, partilharem informações e criarem capacidades.

REFERÊNCIAS

Ali, T.; Aghaloo, K.; Nahian, A.J.; Chiu, Y.-R.; Ahmad, M. Explorando o melhor sistema de energia híbrido para o esquema de energia rural fora da rede no Bangladesh utilizando um quadro de decisão abrangente. Energy Sources Part A Recover. Util. Environ. Eff. 2021, 2021, 1-20. [Google Scholar] [CrossRef]

Abdulkadri, A. (2014). Atingir a meta de energia renovável para a Jamaica. *Revista especializada de economia, 2*(1), 37-44. https://econpapers.repec.org/article/expeconcs/v 3a2 3ay 3a2014 3ai 3a1 3ap 3a37- 44.htm

Acheampong, A. O., Dzator, J., & Savage, D. A. (2021). Energia renovável, emissões de CO2 e crescimento económico na África Subsaariana: A qualidade institucional é importante? *Journal of Policy Modeling.* https://doi.org/10.1016/j.jpolmod.2021.03.011

Alagappan, L., Orans, R., & Woo, C. K. (2011). O que impulsiona o desenvolvimento das energias renováveis?

Energy Policy, 39(9), 5099-5104.

https://doi.org/10.1016/j.enpol.2011.06.003

Bashir, M. F., Sadiq, M., Talbi, B., Shahzad, L., & Adnan Bashir, M. (2022). Uma perspetiva sobre o desenvolvimento das energias renováveis, medidas políticas para remodelar o atual cabaz energético e como alcançar um crescimento económico sustentável na era pós-COVID-19. *Environmental Science and Pollution Research.* https://doi.org/10.1007/s11356-022-20010-

w

Bhandari, R., & Stadler, I. (2009). Análise da paridade da rede de sistemas solares fotovoltaicos na Alemanha utilizando curvas de experiência. *Solar Energy, 83*(9), 1634-1644. https://doi.org/10.1016/j.solener.2009.06.001

Blechinger, Philipp. (2015). Barreiras e soluções para a implementação de energias renováveis nas ilhas das Caraíbas em relação às condições técnicas, económicas, políticas e sociais. 10.13140/RG.2.2.18961.33122.

BP (2021), Statistical Review of World Energy 2021, https://www.bp.com/en/global/ corporate/energy-economics/statistical-review-of-world-energy.html

Carrington D, Ambrose J, Taylor M (2020) Será que o coronavírus vai matar a indústria petrolífera e ajudar a salvar o clima? The Guardian International Edition. Disponível em em: https://www.theguardian.com/environment/2020/apr/01/the-fossil-fuel-industry- isbroken-will-a-cleaner-climate-be-the-result.

Eleftheriadis, I. M., & Anagnostopoulou, E. G. (2015). Identificação de barreiras na difusão de fontes de energia renováveis. *Energy Policy, 80,* 153-164. https://doi.org/10.1016/j.enpol.2015.01.039

AIE (2010c), Energy Technology Perspectives 2010, OCDE/AIE, Paris.

AIE (2010d), Renewable Energy Essentials: Hydropower, OCDE/IEA, Paris.

AIE (2010), *World Energy Outlook 2010,* OECD Publishing, Paris, https://doi.org/10.1787/weo- 2010-en.

AIE (2011), Key World Energy Statistics, AIE/OCDE, Paris.

AIE. (2021). *World Energy Outlook 2021.* https://iea.blob.core.windows.net/assets/4ed140c1- c3f3-4fd9-acae-789a4e14a23cZWorldEnergyOutlook2021.pdf

Ince, D., Vredenburg, H., & Liu, X. (2016). Impulsionadores e inibidores das energias renováveis: Um estudo qualitativo e quantitativo das Caraíbas. *Política Energética, 98,* 700-712. https://doi.Org/10.1016/j.enpol.2016.04.019

Agência Internacional de Energia. (2010, outubro). *Perspectivas Energéticas Mundiais 2010 - Análise.* AIE. https://www.iea.org/reports/world-energy-outlook-2010

IRENA . (2018). *Estatísticas das energias renováveis 2018.* Www.irena.org. https://www.irena.org/publications/2018/Jul/Renewable-Energy-Statistics-2018

IRENA (Agência Internacional para as Energias Renováveis) (2021), Renewable Power Generation Costs in 2020, IRENA, https://www.irena.org/publications/2021/Jun/Renewable-Power-Costs-in-2020.

Serviço Público da Jamaica . (2023). *Renewablesprofile.* Jpsco.com. https://www.jpsco.com/renewables-profile/

Letcher, M. R., & Britton, J. (2022). PV, ou não PV: Usando backcasting para explorar as implicações de política, mercado e governança de caminhos locais de descarbonização, como PV urbano. *Energia renovável em foco.* https://doi.org/10.1016/j.ref.2022.12.004

Loy, D., & Coviello, M. (2005). Renewable energies potential in jamaica. *Repositorio.cepal.org.* https://repositorio.cepal.org/items/587e09da-6045-4161-807f-e26c322920a7

Marzolf, Natacha & Caneque, Fernando & Loy, Detlef & Klein, Johanna. (2015). A Unique Approach to Sustainable Energy for Trinidad and Tobago.

Nexant (15 de julho de 2010). "A próxima coisa verde... Eficiência energética." http://www.nexant.com/news/newspage.aspx?id=31.

OEA. (2009, 1 de agosto). *OEA - Organização dos Estados Americanos: Democracia para a paz, segurança e desenvolvimento.* Www.oas.org. http://www.oas.org/en/sedi/dsd/Biodiversity/Sustainable Cities/Sustainable Communities/ Events/SC%20Course%20Jamaica%202016/Module%20IV/Jamaica-Sustainable-Energy- Roadmap-InclAppendices- 112013.pdf

Peddakapu, K., Mohamed, M. R., Srinivasarao, P., Arya, Y., Leung, P. K., & Kishore, D. J. K. (2022). Uma revisão do estado da arte sobre desenvolvimentos modernos e futuros de AGC/LFC de sistemas de energia convencionais e baseados em energias renováveis. *Renewable Energy Focus, 43,* 146-171. https://doi.org/10.1016/j.ref.2022.09.006

Phadke, A.; Park, W.Y.; Abhyankar, N. Proporcionar um acesso fiável e financeiramente sustentável à eletricidade na Índia utilizando aparelhos supereficientes. Política energética 2019, 132, 1163-1175. [Google Scholar] [CrossRef]

R.J. Chilundo, D. Neves, U.S. Mahanjan, Sistemas fotovoltaicos de bombagem de água para irrigação de culturas hortícolas: avanços e oportunidades para uma estratégia de energia verde para Moçambique, Sustain. Energy Technol. Assess. 33 (2019) 61-68

Shahzad, K., Abdul, D., Umar, M., Safi, A., Maqsood, S., Baseer, A., & Lu, B. (2023). Análise dos obstáculos à adoção da energia solar em economias emergentes utilizando o sistema de apoio à decisão AHP fuzzy esférico: A case of pakistan. *Energy Reports, 10,* 381-395. https://doi.org/10.1016/j.egyr.2023.06.015

Shea, R. P., & Ramgolam, Y. K. (2019). Custo nivelado aplicado de eletricidade para tecnologias de energia em um pequeno estado insular em desenvolvimento: Um estudo de caso nas Maurícias. *Renewable Energy, 132,* 1415-1424. https://doi.org/10.1016/j.renene.2018.09.021

Shirley, R., & Kammen, D. (2013). Renewable energy sector development in the Caribbean: Current trends and lessons from history. *Política Energética, 57,* 244-252. https://doi.Org/10.1016/j.enpol.2013.01.049

Timilsina, G. R. (2021). As tecnologias de energias renováveis são competitivas em termos de custos para a produção de eletricidade?

Renewable Energy, 180, 658-672.
https://doi.org/10.1016/j.renene.2021.08.088

Wu, J., Atchike, D. W., & Ahmad, M. (2023). Fatores cruciais de adoção de tecnologia de energia renovável: Seeking green future by promoting biomethane. *Processes, 11(7},* 2005.
https://doi.org/10.3390/pr11072005

APÊNDICE

Apêndice 1 - Inquérito sobre a energia na Jamaica (amostra)

Obrigado por participar neste inquérito por questionário sobre o potencial energético da Jamaica. O objetivo deste inquérito é recolher informações e opiniões sobre a situação atual da energia na Jamaica, bem como sobre o potencial das fontes de energia renováveis. As suas respostas serão anónimas e serão utilizadas apenas para fins de investigação. Por favor, responda às seguintes perguntas de acordo com os seus conhecimentos e opiniões.

Informações demográficas

Género:

- □ Masculino
- □ Feminino
- □ Outros

Idade:

- □ Menos de 18 anos
- □ 18-24 anos de idade
- □ 25-34 anos
- □ 35-44 anos
- □ 45-54 anos
- □ 55-64 anos
- □ 65 anos de idade ou mais

Atualmente, utiliza alguma fonte de energia renovável no seu agregado familiar ou na sua comunidade?

□ Sim, energia solar

□ Sim, energia eólica

□ Sim, energia hidroelétrica

□ Sim, bioenergia (por exemplo, biomassa, biocombustíveis)

□ Sim, energia geotérmica

□ Não, não estou a utilizar nenhuma fonte de energia renovável

□ Não tenho a certeza

Qual é o seu grau de familiaridade com o conceito de sustentabilidade e a sua importância na comunidade rural?

□ Muito familiar

□ Moderadamente familiar

□ Ligeiramente familiar

□ Não é de todo familiar

Participou em alguma iniciativa ou projeto de sustentabilidade na comunidade rural?

□ Sim, participei ativamente.

□ Sim, mas só participei de forma limitada

□ Não, não participei em nenhuma iniciativa de sustentabilidade

□ Não aplicável (por exemplo, não tenho conhecimento de quaisquer iniciativas de sustentabilidade na comunidade)

Secção 1: Desafios energéticos actuais na Jamaica

1. Na sua opinião, quais são os actuais desafios energéticos enfrentados pela Jamaica?

- □ Custos elevados de eletricidade
- □ Dependência de combustíveis fósseis importados.
- □ Infra-estruturas energéticas inadequadas
- □ Preocupações com a poluição ambiental e as alterações climáticas
- □ Outros (especificar)

1. B Como classificaria a atual situação energética na Jamaica?
    - □ Excelente
    - □ Bom
    - □ Justo
    - □ Pobres
    - □ Não sabe/Não tem a certeza

2. Em que medida é pessoalmente afetado pelos elevados custos da eletricidade na Jamaica?
    - □ Muito
    - □ Moderadamente
    - □ Não muito
    - □ De modo algum

Secção 2: Opções de energias renováveis na Jamaica

3. Tem conhecimento das opções de energias renováveis disponíveis na Jamaica?
    - □ Sim
    - □ Não

4. Que fontes de energia renováveis considera viáveis para satisfazer as

necessidades energéticas da Jamaica? (Selecione todas as que se aplicam)

- □ Energia solar
- □ Energia eólica
- □ Energia hidroelétrica
- □ Bioenergia (por exemplo, biomassa, biocombustíveis)
- □ Energia geotérmica
- □ Outros (especificar)

a. Que conhecimento tem dos actuais esforços e iniciativas na Jamaica para promover a utilização de fontes de energia renováveis?

- □ Muito consciente
- □ Moderadamente consciente
- □ Ligeiramente consciente
- □ Não tem conhecimento de nada

b. Já considerou ou explorou pessoalmente a possibilidade de instalar um sistema de energias renováveis na sua casa ou empresa na Jamaica?

- □ Sim, considerei-o ativamente
- □ Sim, mas ainda não o explorei mais
- □ Não, não pensei nisso
- □ Não aplicável (por exemplo, não sou proprietário de uma casa ou de uma empresa)

Secção 3: Barreiras à adoção de energias renováveis na Jamaica

5. Quais são, na sua opinião, os principais obstáculos à adoção das energias renováveis na Jamaica?

(Selecionar tudo o que se aplica)

- □ Elevados custos iniciais de instalação
- □ Acesso limitado a opções de financiamento
- □ Falta de sensibilização e educação do público
- □ Apoio e incentivos governamentais insuficientes
- □ Desafios técnicos e preocupações com a fiabilidade
- □ Outros (especificar)

6. Tem conhecimento de quaisquer iniciativas ou políticas governamentais na Jamaica que promovam a utilização de energias renováveis?

- □ Sim
- □ Não

7. Em caso afirmativo, fornecer pormenores:

Secção 4: Importância da adoção de energias renováveis na Jamaica

8. Em sua opinião, qual é a importância de a Jamaica dar prioridade à adoção de fontes de energia renováveis?

- □ Muito importante
- □ Moderadamente importante
- □ Não muito importante
- □ Não é de todo importante

9. Quais são, na sua opinião, os benefícios da adoção das energias renováveis na Jamaica? (Selecione todas as opções aplicáveis)

- □ Redução da dependência de combustíveis fósseis importados
- □ Custos de eletricidade mais baixos

□ Sustentabilidade ambiental e redução da pegada de carbono

□ Criação de emprego e crescimento económico

□ Aumento da independência energética

□ Outros (especificar)

Secção 5: Futuro das energias renováveis na Jamaica

10. Na sua opinião, que fontes de energia renováveis considera que a Jamaica deveria privilegiar para a produção de energia no futuro?

□ Energia solar

□ Energia eólica

□ Energia hidroelétrica

□ Bioenergia (por exemplo, biomassa, biocombustíveis)

□ Energia geotérmica

□ Outros (especificar)

11. Qual é o seu grau de confiança no potencial das energias renováveis para satisfazer as futuras necessidades energéticas da Jamaica?

□ Muito confiante

□ Moderadamente confiante

□ Não muito confiante

□ Nada confiante

Secção 6: Sensibilização e conhecimentos sobre energias renováveis

12. Que conhecimentos tem sobre as tecnologias de energias renováveis e o seu potencial na Jamaica?

□ Muito conhecedor

- □ Conhecimento moderado
- □ Não muito conhecedor
- □ Não tem qualquer conhecimento

13. Em que fontes de informação se baseia para se informar sobre as opções de energias renováveis em

Jamaica (selecionar todas as opções aplicáveis)

- □ Meios de comunicação social (televisão, jornais, notícias em linha)
- □ Redes sociais
- □ Sítios Web e publicações governamentais
- □ Instituições de ensino
- □ Empresas e organizações de energias renováveis
- □ Outros (especificar)

Secção 7: Sugestões de energias renováveis

14) Qual é o seu grau de familiaridade com o conceito de um sistema de microrrede alimentado por fontes renováveis?

- □ Muito familiar
- □ Moderadamente familiar
- □ Ligeiramente familiar
- □ Não é de todo familiar

15) . Considera que a implementação de uma maior combinação de sistemas de microrredes alimentados por fontes renováveis contribuiria para uma maior sustentabilidade na Jamaica?

- □ Sim, significativamente

- □ Sim, até certo ponto
- □ Não, não teria qualquer impacto
- □ Não tenho a certeza

16) . Na sua opinião, quais são os potenciais benefícios de sustentabilidade da implementação de uma maior combinação de sistemas de microrredes alimentados por fontes renováveis na Jamaica? (Selecione todas as opções aplicáveis)

- □ Redução das emissões de gases com efeito de estufa
- □ Diminuição da dependência de combustíveis fósseis
- □ Conservação dos recursos naturais
- □ Proteção ambiental reforçada
- □ Outros (especificar)

17. Que desafios prevê na implementação de uma maior mistura de sistemas de microrredes alimentados por fontes renováveis na Jamaica? (Selecione todas as opções aplicáveis)

- □ Custos iniciais elevados
- □ Disponibilidade limitada de recursos energéticos renováveis
- □ Complexidades técnicas
- □ Resistência dos actuais intervenientes no sector da energia
- □ Outros (especificar)

18. Em que medida está confiante de que uma maior combinação de sistemas de microrredes alimentados por fontes renováveis pode proporcionar uma solução energética sustentável e fiável para a Jamaica?

- □ Muito confiante
- □ Moderadamente confiante
- □ Não muito confiante
- □ Nada confiante

19. Que medidas adicionais considera que deveriam ser tomadas para apoiar a implementação de uma maior mistura de sistemas de microrredes alimentados por fontes renováveis na Jamaica, especificamente em termos de promoção da sustentabilidade?

Secção 8: Soluções preferidas e apoio

20. Que tipo de apoio ou incentivos considera que encorajariam os indivíduos e as empresas da Jamaica a adotar as energias renováveis?

- □ Incentivos financeiros (por exemplo, créditos fiscais, subvenções)
- □ Empréstimos com juros baixos para projectos de energias renováveis
- □ Campanhas de sensibilização do público
- □ Programas de assistência técnica e formação
- □ Colaboração com organizações internacionais
- □ Outros (especificar)

21. Está disposto a investir em soluções de energia renovável para a sua própria casa ou empresa na Jamaica?

- □ Sim
- □ Não
- □ Indecisos

16. Tem algum comentário ou sugestão adicional sobre a adoção de energias

renováveis na Jamaica?

Obrigado por participar neste inquérito! O seu contributo contribuirá para uma melhor compreensão das questões relacionadas com as energias renováveis e das potenciais soluções na Jamaica.

Apêndice 2 Entrevista das principais partes interessadas

Entrevista semi-estruturada Proprietários de empresas

1. Como é que atualmente satisfaz as suas necessidades energéticas para a sua pequena loja de esquina na Jamaica rural?
2. Já pensou em utilizar fontes de energia renováveis para alimentar a sua empresa? Em caso afirmativo, o que motivou a sua consideração? Se não, quais são as principais razões para não o fazer?
3. Que desafios ou preocupações específicas prevê na implementação de soluções de energias renováveis para a sua pequena loja de esquina?
4. Na sua opinião, quais são os potenciais benefícios da adoção de energias renováveis para a sua empresa? Como pensa que poderia ter um impacto positivo nas suas operações?
5. Existem incentivos ou apoios governamentais que, na sua opinião, encorajariam pequenas empresas como a sua a investir em energias renováveis?

Perguntas da entrevista para activistas das alterações climáticas (perguntas gerais)

1. Quais são os principais factores que conduziram ao progresso no domínio

das energias renováveis nos últimos 30 anos? (Questões políticas, económicas, sociais e comportamentais, por exemplo)

2. Quem são as pessoas mais importantes no domínio das energias renováveis que estão a impulsionar a mudança?
3. Quais foram os maiores desafios nos últimos 30 anos para o sector das energias renováveis?
4. Que formas novas e bem sucedidas foram encontradas para lidar com as dificuldades e os limites ao crescimento do sector das energias renováveis e quem esteve por detrás destas mudanças?
5. Qual é a modificação mais significativa que precisa de ser feita neste momento para ajudar o sector das energias renováveis a progredir mais?
6. Tens mais alguma coisa a dizer?
7. Tem alguma sugestão para outros intervenientes importantes que devam ser entrevistados e como entrar em contacto com eles (ou pode ajudar a apresentá-los)?

Perguntas do sector público:

1. Em que medida é que o acesso a recursos externos e o dinheiro proveniente de fluxos de ajuda ajudaram a preencher as principais lacunas de recursos que ajudaram o sector das Energias Renováveis a avançar? E também, como?
2. Que tipos de métodos de monitorização, avaliação e reforma existem para acompanhar o bom funcionamento das políticas e para trabalhar em reformas com um vasto leque de partes interessadas para melhorar todo o processo?
3. Como é que o facto de a rede nacional ser propriedade do governo afectou o

progresso no sector das energias renováveis?

Perguntas de entrevista para um instalador de painéis solares:

1. Como instalador de painéis solares, o que o motivou a trabalhar no sector das energias renováveis e, especificamente, no domínio da instalação de painéis solares?
2. Quais são as principais considerações e desafios que enfrenta ao conceber e instalar sistemas de painéis solares na Jamaica?
3. Como é que se garante a colocação e orientação ideais dos painéis solares para maximizar a produção de energia no clima jamaicano?
4. Quais são alguns dos equívocos ou mitos mais comuns que encontra sobre as instalações de painéis solares e como os aborda?
5. Na sua opinião, qual é o potencial da energia solar na Jamaica e como imagina o seu papel na transição do país para um futuro energético mais limpo e sustentável?

GUIÕES DE ENTREVISTAS PARA ESTUDOS QUALITATIVOS

Perguntas para a entrevista de um investigador de energias renováveis e implementação:

1. Como investigador das energias renováveis, em que aspectos específicos das energias renováveis se concentra atualmente e como vê a sua contribuição para o panorama energético global?
2. Que avanços ou descobertas recentes observou no domínio das energias renováveis e como prevê que terão impacto no sector das energias renováveis da

Jamaica?

3. Poderia partilhar quaisquer projectos ou iniciativas de investigação em curso relacionados com a implementação das energias renováveis na Jamaica, e quais são os principais objectivos ou resultados esperados desses esforços?

4. Na sua opinião, quais são os principais obstáculos ou desafios à implementação de soluções de energias renováveis em maior escala na Jamaica e que estratégias ou abordagens estão a ser exploradas para os ultrapassar?

5. Com base na sua investigação e experiência, como avalia o potencial da Jamaica em matéria de energias renováveis e que medidas políticas ou investimentos considera necessários para aproveitar plenamente esse potencial e acelerar a transição do país para as energias limpas?

Um comerciante em Kellits Clarendon

Entrevistador: Bem-vindos à nossa sessão de entrevistas. Hoje, vamos discutir as necessidades energéticas da sua pequena loja de esquina na Jamaica rural e a potencial adoção de fontes de energia renováveis. Obrigado por se juntar a nós. Vamos começar com a primeira pergunta: Como satisfaz atualmente as necessidades energéticas da sua pequena loja de esquina?

Entrevistado: Obrigado por me receberem. Atualmente, satisfazemos as nossas necessidades energéticas recorrendo apenas à eletricidade da JPS. Recebemos energia da rede, que fornece eletricidade à nossa loja para o funcionamento de equipamentos essenciais como luzes, frigoríficos, caixas registadoras e outros aparelhos eléctricos.

Entrevistador: Obrigado por partilhar essa informação. Passemos à pergunta seguinte: Já pensou em utilizar fontes de energia renováveis para alimentar a sua empresa? Em caso afirmativo, o que motivou a sua consideração? Se não, quais são as principais razões para não o fazer?

Entrevistado: Sim, considerei a possibilidade de utilizar fontes de energia renováveis, como a energia solar, para satisfazer as nossas necessidades energéticas. A motivação por detrás desta consideração deriva do desejo de reduzir a nossa dependência do JPS, que por vezes pode não ser fiável na nossa zona rural. Além disso, a adoção de energias renováveis alinha-se com o nosso compromisso para com a sustentabilidade ambiental e a redução da nossa pegada de carbono, tal como anunciado na televisão. No entanto, a principal razão pela qual ainda não procurámos soluções de energias renováveis é o custo inicial significativo associado à instalação de painéis solares ou outros sistemas de energias renováveis. Sendo uma pequena loja de esquina, enfrentamos restrições financeiras e o investimento inicial necessário para esses sistemas está atualmente para além das nossas possibilidades. Há muitos rios aqui, mas não creio que possam promover a hidroeletricidade.

Entrevistador: Compreendo o desafio financeiro que enfrenta. Continuando, que desafios ou preocupações específicas prevê na implementação de soluções de energias renováveis para a sua pequena loja de esquina?

Entrevistado: Há alguns desafios e preocupações que prevemos na implementação de soluções de energias renováveis. Em primeiro lugar, como já foi referido, o custo inicial da instalação de painéis solares ou de outros sistemas de energias renováveis é um obstáculo significativo para nós. Seria necessário um investimento substancial que não podemos fazer neste momento. Em segundo lugar, existe uma falta de conhecimentos especializados e de experiência na nossa comunidade no que respeita à conceção, instalação e manutenção de sistemas de energias renováveis. Isto representa um desafio para garantir que o sistema está corretamente configurado e optimizado para as nossas necessidades energéticas específicas. Por último, a nossa localização numa zona rural pode também apresentar desafios logísticos em termos de acesso ao equipamento, componentes e apoio técnico necessários para a implementação e manutenção de sistemas de energias renováveis.

Entrevistador: Essas são preocupações válidas. Agora, vamos discutir os potenciais benefícios da adoção de energias renováveis para a sua empresa. Na sua opinião, quais são os potenciais benefícios e de que forma pensa que as energias renováveis podem ter um impacto positivo nas suas operações?

Entrevistado: A adoção de energias renováveis traria vários benefícios potenciais para a nossa loja da esquina. Em primeiro lugar, ajudar-nos-ia a reduzir a nossa dependência da JPS, tornando-nos mais resistentes a falhas e flutuações de energia. Isto asseguraria um fornecimento de energia mais consistente e fiável, permitindo-nos continuar a servir os nossos clientes sem interrupções. Os cortes de energia resultam frequentemente em carne e bens estragados. O processo de reembolso é muito moroso. Em segundo lugar, a utilização de fontes de energia renováveis contribuiria para o nosso empenhamento na sustentabilidade ambiental. Ao reduzirmos a nossa dependência de fontes de energia não renováveis e ao diminuirmos a nossa pegada de carbono, estaríamos a ter um impacto positivo no ambiente e a dar um exemplo à nossa comunidade. Por último, a longo prazo, a adoção de energias renováveis pode levar a uma potencial poupança de custos nas nossas contas de eletricidade. Embora o investimento inicial seja um obstáculo, quando o sistema de energia renovável estiver instalado, poderemos beneficiar de despesas operacionais reduzidas, proporcionando algum alívio financeiro.

Entrevistador: Obrigado por partilhar a sua perspetiva sobre os potenciais benefícios. Por último, existem incentivos ou apoios governamentais que, na sua opinião, encorajariam pequenas empresas como a sua a investir em energias renováveis?

Entrevistado: Os incentivos e apoios governamentais seriam fundamentais para encorajar pequenas empresas como a nossa a investir em energias renováveis. Algumas medidas potenciais poderiam incluir subvenções ou subsídios para compensar os custos iniciais de instalação, créditos ou isenções fiscais para investimentos em energia renovável e procedimentos simplificados para a obtenção de licenças e aprovações relacionadas a sistemas de energia renovável. Além disso, as iniciativas governamentais que fornecem recursos educativos e formação sobre a implementação e manutenção das energias renováveis seriam valiosas. Ao promover parcerias com especialistas e organizações, os governos podem desempenhar um papel significativo no apoio e incentivo às pequenas empresas para a transição para as energias renováveis.

Entrevistador: Obrigado por partilhar as suas ideias e sugestões relativamente aos incentivos governamentais. Agradecemos o seu tempo e as suas valiosas perspectivas ao longo desta entrevista.

Entrevistado: Não tem de quê. Foi um prazer participar nesta entrevista. Obrigado pela oportunidade de partilhar as minhas ideias.

Guião de entrevista para ativista das alterações climáticas

Entrevistador: Obrigado por ter aceite ser entrevistado. Gostaríamos de discutir os progressos e os desafios no domínio das energias renováveis nos últimos 30 anos. Comecemos pela primeira pergunta:

1. **Quais são os principais factores que contribuíram para o progresso no domínio das energias renováveis nos últimos 30 anos? (Questões políticas, económicas, sociais e comportamentais, por exemplo) Entrevistado:** Houve vários factores que contribuíram para o progresso no domínio das energias renováveis. Politicamente, muitos países reconheceram a importância da transição para fontes de energia limpas para mitigar as alterações climáticas. Isto resultou na implementação de políticas de apoio, tais como tarifas de alimentação, incentivos fiscais e padrões de portfólio renovável. Do ponto de vista económico, a redução dos custos das tecnologias renováveis, em especial da energia solar e eólica, tornou-as mais competitivas em relação aos combustíveis fósseis. Socialmente, tem havido uma crescente consciencialização e preocupação com as alterações climáticas, levando os indivíduos e as comunidades a adotar opções de energia renovável. Além disso, as mudanças no comportamento dos consumidores, como o aumento da procura de produtos e serviços sustentáveis,

influenciaram o crescimento do sector das energias renováveis.

Entrevistador: É uma visão geral e perspicaz dos vários factores em jogo. Passemos à pergunta seguinte:

2. **Quem são as pessoas mais importantes no domínio das energias renováveis que estão a impulsionar a mudança?**

Entrevistado: O sector das energias renováveis tem sido impulsionado por um conjunto diversificado de indivíduos e partes interessadas. Isto inclui cientistas e investigadores que desenvolveram tecnologias inovadoras, decisores políticos que criaram quadros regulamentares de apoio, empresários e investidores que facilitaram a implementação de projectos de energias renováveis e activistas de base que aumentaram a sensibilização e defenderam políticas de energia limpa. Além disso, a colaboração entre governos, organizações internacionais e líderes da indústria tem desempenhado um papel crucial na promoção da mudança a nível global.

Entrevistador: É inspirador ver os esforços colectivos de vários indivíduos. A nossa próxima pergunta incide sobre os desafios enfrentados pelo sector das energias renováveis:

3. **Quais foram os maiores desafios nos últimos 30 anos para o sector das energias renováveis?**

Entrevistado: O sector das energias renováveis tem enfrentado vários desafios. Um dos principais desafios tem sido o domínio enraizado dos combustíveis fósseis, que têm infra-estruturas estabelecidas há muito tempo e interesses instalados. O acesso insuficiente ao financiamento e ao investimento também tem impedido o crescimento dos projectos de energias renováveis. Além disso, a integração na rede e a natureza intermitente das fontes renováveis colocaram desafios ao fornecimento fiável e estável de energia. Além disso, as incertezas políticas e o apoio inconsistente dos governos criaram barreiras ao desenvolvimento das energias renováveis.

Entrevistador: Esses desafios realçam, de facto, as complexidades do sector. A nossa próxima pergunta explora abordagens inovadoras para ultrapassar estas dificuldades:

4. **Que formas novas e bem sucedidas foram encontradas para lidar com as dificuldades e os limites ao crescimento do sector das energias renováveis e quem esteve por detrás destas mudanças?**

Entrevistado: Nos últimos anos, tem havido desenvolvimentos notáveis para responder aos desafios enfrentados pelo sector das energias renováveis. Os avanços nas tecnologias de armazenamento de energia, como as baterias, melhoraram a integração de fontes renováveis intermitentes na rede. A criação de parcerias público-privadas e de colaborações internacionais acelerou a implantação das energias renováveis a nível mundial. Além disso, modelos de financiamento inovadores, como as obrigações verdes e as plataformas de financiamento coletivo, facilitaram o investimento em projectos de energias renováveis. Os esforços colectivos dos governos, das instituições de investigação, dos líderes da indústria e das iniciativas comunitárias têm sido fundamentais para impulsionar estas mudanças.

Entrevistador: Estes são desenvolvimentos prometedores. Vamos agora discutir as prioridades actuais e futuras no domínio das energias renováveis:

5. **Qual é a modificação mais significativa que precisa de ser feita neste momento para ajudar o sector das energias renováveis a progredir mais?**

Entrevistado: Uma das alterações mais significativas que é necessário efetuar é o aumento da implantação das energias renováveis para conseguir uma maior penetração no cabaz energético. Para tal, é necessário um plano de transição abrangente e ambicioso, com objectivos claros e políticas de apoio.

Além disso, é fundamental investir mais em investigação e desenvolvimento para fazer avançar as tecnologias renováveis e aumentar a sua eficiência.

A colaboração entre países para partilhar as melhores práticas e a transferência de conhecimentos pode também acelerar os progressos. Além disso, a promoção da sensibilização e do envolvimento do público para impulsionar a procura de energias renováveis por parte dos consumidores desempenhará um papel vital na promoção da sua adoção.

Entrevistador: Obrigado por partilhar as suas ideias. Antes de terminarmos, há mais alguma coisa que gostaria de dizer?

Entrevistado: Gostaria de salientar a importância da ação colectiva e da colaboração para enfrentar o desafio urgente das alterações climáticas. O sector das energias renováveis fez progressos significativos, mas ainda há muito trabalho a fazer. Ao aproveitar as fontes renováveis, podemos não só combater as alterações climáticas, mas também criar um futuro sustentável e resiliente para as gerações vindouras. Vamos continuar a defender políticas de energia limpa, a apoiar projectos de energias renováveis e a fazer escolhas conscientes para reduzir a nossa pegada de carbono.

Entrevistador: Obrigado pelo seu valioso contributo e pela sua mensagem inspiradora. Agradecemos o seu tempo e a sua experiência no debate sobre os progressos, os desafios e o potencial do sector das energias renováveis.

Guiões de entrevista para o instalador de painéis solares

Entrevistador: Obrigado por estar connosco hoje. Gostaríamos de falar sobre as suas motivações e experiências como instalador de painéis solares. Comecemos com a nossa primeira pergunta:

1. Como instalador de painéis solares, o que o motivou a trabalhar no sector das energias renováveis e, especificamente, no domínio da instalação de painéis solares?

Instalador: Obrigado por me receberem. Sempre tive uma paixão pelo ambiente e pela necessidade de fazer a transição para fontes de energia mais limpas e sustentáveis. O sector das energias renováveis, em particular a energia solar, oferece uma oportunidade significativa para ter um impacto positivo no nosso planeta. A instalação de painéis solares permite-me contribuir para a redução das emissões de carbono e promover a independência energética, aproveitando o poder do sol.

Entrevistador: Isso é de louvar. Passemos à pergunta seguinte:

2. Quais são as principais considerações e desafios que enfrenta ao conceber e instalar sistemas de painéis solares na Jamaica?

Instalador: A conceção e instalação de sistemas de painéis solares na Jamaica implica considerações e desafios únicos. Em primeiro lugar, é crucial avaliar a luz solar disponível ao longo do ano e ter em conta quaisquer sombras ou obstruções que possam afetar a produção de energia. Além disso, é essencial selecionar a capacidade correta do painel e o tamanho do inversor para satisfazer as necessidades energéticas da propriedade. Os requisitos de interligação à rede e os regulamentos locais também desempenham um papel importante no processo de conceção. Por último, garantir a manutenção adequada e a monitorização do sistema é crucial para um desempenho e longevidade óptimos.

Entrevistador: Estes são factores importantes a considerar. A nossa próxima pergunta centra-se na otimização da produção de energia:

3. Como é que se garante a colocação e orientação ideais dos painéis solares para maximizar a produção de energia no clima jamaicano?

Instalador: Para maximizar a produção de energia no clima jamaicano, avaliamos cuidadosamente a orientação da propriedade e o espaço disponível para a instalação de painéis solares. Os telhados virados a sul ou as áreas abertas com sombras mínimas são ideais para captar a maior parte da luz solar. Também consideramos o ângulo de inclinação para otimizar a produção de energia ao longo do ano, tendo em conta a latitude e as condições climáticas específicas da Jamaica. Através da realização de uma avaliação minuciosa do local e da utilização de ferramentas especializadas, podemos determinar o posicionamento e a orientação ideais para cada instalação.

Entrevistador: Parece-me um processo meticuloso. Vamos falar de ideias erradas ou mitos comuns sobre a instalação de painéis solares:

4. Quais são alguns dos equívocos ou mitos mais comuns que encontra sobre as instalações de painéis solares e como os aborda?

Instalador: Um equívoco comum é que os painéis solares só funcionam em climas ensolarados. Os painéis solares podem gerar eletricidade mesmo em dias nublados. Outro mito é que as instalações de painéis solares são demasiado caras. Embora existam custos iniciais, a energia solar tornou-se mais acessível devido à descida dos preços dos painéis e aos incentivos disponíveis. Além disso, algumas pessoas acreditam que os painéis solares exigem uma manutenção constante, mas os sistemas modernos são concebidos para uma manutenção mínima. Para resolver estas ideias erradas, é necessário fornecer informações exactas, partilhar histórias de sucesso e explicar os benefícios financeiros e ambientais a longo prazo da energia solar.

Entrevistador: É importante desfazer essas ideias erradas. A nossa última pergunta explora o potencial da energia solar na Jamaica.

5. Na sua opinião, qual é o potencial da energia solar na Jamaica e como imagina o seu papel na transição do país para um futuro energético mais limpo e sustentável?

Instalador: A Jamaica tem um imenso potencial para a energia solar. O país goza de luz solar abundante durante todo o ano, tornando a energia solar uma fonte de energia viável e fiável. Ao aproveitar este potencial, a Jamaica pode reduzir a sua dependência dos combustíveis fósseis, diminuir as emissões de carbono e aumentar a segurança energética. A energia solar pode desempenhar um papel significativo na alimentação de casas, empresas e até no apoio a comunidades fora da rede. Com políticas de apoio, maior consciencialização do público e investimento contínuo em infra-estruturas solares, a Jamaica pode acelerar a sua transição para um futuro energético mais limpo e sustentável.

Entrevistador: Obrigado por partilhar as suas ideias e experiências como instalador de painéis solares. Agradecemos o seu tempo e empenho na promoção das energias renováveis na Jamaica.

Guião de entrevista para um investigador de energias renováveis e implementador

Entrevistador: Obrigado por estar connosco hoje. Gostaríamos de discutir a sua investigação e os seus conhecimentos enquanto investigador de energias renováveis e da sua implementação. Comecemos com a nossa primeira pergunta:

1. **Como investigador das energias renováveis, em que aspectos específicos das energias renováveis se concentra atualmente e como vê a sua contribuição para o panorama energético global?**

Investigador: Obrigado por me receber. Atualmente, a minha investigação centra-se na integração de tecnologias de energias renováveis nos sistemas energéticos existentes, em particular na integração da rede e em soluções de armazenamento de energia. Ao explorar os desafios e as oportunidades da integração de fontes de energia renováveis, como a solar e a eólica, no panorama energético, podemos desenvolver estratégias para garantir um fornecimento de energia fiável e sustentável. Esta investigação contribui para o objetivo geral de transição para um sistema energético mais limpo e mais resiliente.

Entrevistador: Isso é fascinante. Passemos à pergunta seguinte:

2. Que avanços ou descobertas recentes observou no domínio das energias renováveis e como prevê que terão impacto no sector das energias renováveis da Jamaica?

Investigador: Nos últimos anos, registaram-se avanços significativos nas tecnologias de energias renováveis e na sua relação custo-eficácia. Por exemplo, registaram-se melhorias notáveis na eficiência dos painéis solares e reduções no custo dos sistemas fotovoltaicos. Além disso, as tecnologias de armazenamento de energia, como as baterias avançadas, registaram progressos consideráveis, permitindo uma melhor gestão das fontes de energia renováveis intermitentes. Estes avanços terão um impacto positivo no sector das energias renováveis da Jamaica, aumentando a acessibilidade e a fiabilidade dos sistemas de energias renováveis, tornando mais viável a transição para fontes de energia mais limpas.

Entrevistador: Isso é prometedor. A nossa próxima pergunta incide sobre projectos e iniciativas de investigação em curso:

3. Poderia partilhar quaisquer projectos ou iniciativas de investigação em curso relacionados com a implementação das energias renováveis na Jamaica, e quais são os principais objectivos ou resultados esperados desses esforços?

Investigador: Com certeza. Atualmente, existem vários projectos de investigação em curso na Jamaica relacionados com a implementação de energias renováveis. Uma iniciativa notável centra-se na exploração do potencial da energia eólica offshore ao longo das costas do país. O objetivo é avaliar a viabilidade técnica e económica dos parques eólicos offshore e determinar a sua capacidade de contribuir para os objectivos da Jamaica em matéria de energias renováveis. Outros projectos incluem o desenvolvimento de micro-redes em comunidades rurais e a integração de energias renováveis no sector dos transportes. Os principais resultados esperados destes esforços são a melhoria do acesso à energia, a redução das emissões de carbono e a promoção do crescimento económico sustentável.

Entrevistador: Esses projectos parecem ter impacto. Vamos discutir os desafios e os obstáculos à implementação de soluções de energias renováveis a uma escala maior.

4. Na sua opinião, quais são os principais obstáculos ou desafios à implementação de soluções de energias renováveis em maior escala na Jamaica e que estratégias ou abordagens estão a ser exploradas para os ultrapassar?

Investigador: Alguns dos principais obstáculos à implementação de soluções de energias renováveis em grande escala na Jamaica incluem custos iniciais elevados, conhecimentos técnicos limitados e desafios regulamentares. Para ultrapassar estas barreiras, estão a ser exploradas estratégias, tais como a implementação de mecanismos financeiros como tarifas de alimentação ou medição líquida para incentivar os investimentos em energias renováveis. Também estão a ser desenvolvidos programas de reforço de capacidades para melhorar as competências técnicas no desenvolvimento e manutenção de projectos de energias renováveis. Além disso, os decisores políticos estão a trabalhar para simplificar os regulamentos e criar um ambiente propício à implantação das energias renováveis, incluindo quadros de integração na rede e planeamento energético a longo prazo.

Entrevistador: Essas estratégias são cruciais para ultrapassar os obstáculos. A nossa última pergunta explora o potencial da Jamaica em matéria de energias renováveis:

5. Com base na sua investigação e experiência, como avalia o potencial da Jamaica em matéria de energias renováveis e que medidas políticas ou investimentos considera necessários para aproveitar plenamente esse potencial e acelerar a transição do país para as energias limpas?

Investigador: A Jamaica tem um vasto potencial de energia renovável, particularmente em recursos solares, eólicos e hidroeléctricos. A luz solar abundante e os fortes ventos costeiros do país tornam-no favorável à produção de energia solar e eólica. Para aproveitar plenamente este potencial, é essencial estabelecer políticas e regulamentos de apoio que dêem prioridade à integração das energias renováveis, estabeleçam objectivos claros para a sua adoção e garantam um ambiente de investimento estável.

Além disso, os investimentos estratégicos em investigação e desenvolvimento, infra-estruturas e modernização da rede são cruciais para acelerar a transição da Jamaica para as energias limpas e atingir os seus objectivos de desenvolvimento sustentável.

Entrevistador: Obrigado por partilhar as suas valiosas ideias e conhecimentos como investigador de energias renováveis. Agradecemos o seu tempo e dedicação ao avanço da implementação das energias renováveis na Jamaica.

Apêndice 3: Exemplo de sistema de microrredes proposto para reduzir o consumo rural.

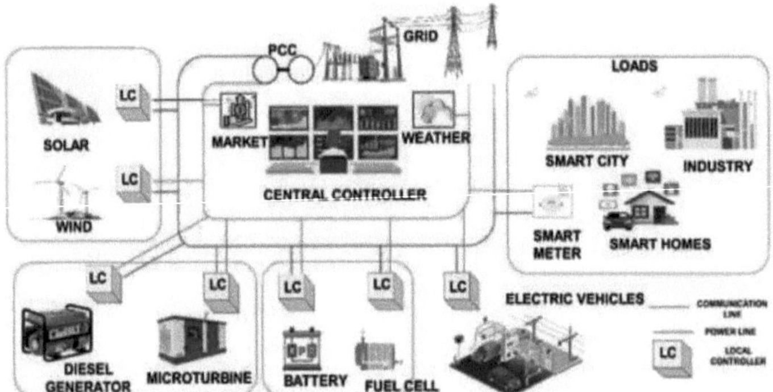

A Figura 18 mostra uma amostra do sistema de microrredes que foi proposto para comunidades como Kellits, Clarendon. Fonte- (Shahzad et al., 2023)

Printed by Books on Demand GmbH, Norderstedt / Germany